Klasse 9-13

Stefan Lamm

AF537370

Potenzen & Wurzeln

... kinderleicht erlernen

G M 3 E

Aufgaben in 3 Niveaustufen zur Differenzierung

Lernen mit Erfolg
KOHL VERLAG

Potenzen & Wurzeln

... kinderleicht erlernen

10. Auflage 2025

Inhalt: Stefan Lamm
Redaktion: Kohl-Verlag
Grafik & Satz: Kohl-Verlag
Umschlagbild: © imagesetc & contrastwerkstatt - fotolia.com
Bildquellen: S. 29 © yurkoman30 - fotolia.com; © attaphong - fotolia.com;
S. 21 © Gert Mittring - wikicommon - Urheber Ida Fleiss
Druck: farbo prepress GmbH, Köln

Bestell-Nr. 11 832

ISBN: 978-3-95686-832-0

Kontakt: Kohl-Verlag, An der Brennerei 37-45, 50170 Kerpen
Tel: +49 2275 331610, Mail: info@kohlverlag.de

Aus meiner jahrelangen Erfahrung in der Matheförderung weiß ich um das Problem mit der Potenz- und Wurzelrechnung. Viele Schüler können diese Themen nicht richtig erfassen und einordnen, sodass es gerade bei diesen beiden Themen im Laufe der Schuljahre vermehrt enttäuschte Gesichter nach der gefürchteten Mathearbeit gibt. Auch stellen die Schüler immer wieder die berühmt-berüchtigte Frage, wozu sie gerade diese Themen im späteren Leben überhaupt brauchen.

Auf diese Frage kann ich meinen Schülern immer wieder versichern, dass es, entgegen ihrer Vorstellungen, durchaus Berufsfelder gibt, in denen die Potenzrechnung oder der Umgang mit Wurzeln eine gewisse Wichtigkeit hat. So brauchen viele Bauhandwerker und Lehrlinge im Elektro-Bereich durchaus Kenntnisse in diesen Gebieten. Auch für die Lehrberufe im medizinischen Sektor, oder für Laboranten, ist der Umgang mit der wissenschaftlichen Schreibweise eine Alltäglichkeit.

Da ich als Dozent für Mathematik auch bei deutschen Bildungsträgern tätig bin, und gerade mit lernschwachen Auszubildenden zu tun habe, kenne ich die Einstellungen zu dieser Thematik, sowohl den Blickwinkel der Regelschüler, als auch aus Sicht der Berufsschüler. Aus diesem Erfahrungsschatz heraus und dem Wunsch, eine verständliche Einführung in die spannende Potenz- und Wurzelrechnung zu bieten, ist dieses Buch entstanden. Dabei habe ich darauf Wert gelegt, dem Schüler ein leicht verständliches Regelwerk mit zahlreichen Übungsaufgaben in den drei unterschiedlichen Niveaustufen anbieten zu können. So kann sich jeder individuell den einzelnen Regeln annähern, sie verinnerlichen und in aufsteigender Schwierigkeit bearbeiten. Das Ziel dabei soll es sein, dass der Schüler der Fülle der kleinen Regeln Herr wird und somit selbst die immer wiederkehrende Frage beantworten kann, welche Regel denn bei dieser Aufgabe greift.

Nun bleibt mir nur noch Ihnen und Ihren Schülerinnen und Schülern viel Erfolg beim Einsatz dieses Buches zu wünschen, auch im Namen des gesamten Teams des Kohl-Verlags.

Stefan Lamm

◉ **grundlegendes Niveau** **!** **mittleres Niveau** 

1. Was sind Potenzen?

Das Wort **Potenz** kommt ursprünglich aus dem Lateinischen und bedeutet „Vermögen, Macht". Bei der Potenz handelt es sich um eine abgekürzte Schreibweise für eine gleichbleibende mathematische Rechenoperation.

Begriffe: Basis ⟶ a^n ⟵ Exponent

Bedeutung: $a^n \Rightarrow 1 \cdot \underbrace{a \cdot a \cdot a \cdot a}_{\text{n-mal}} \cdot \ldots$

Die Potenzschreibweise bedeutet:

Multipliziere die Zahl 1 mit der Basis (a) so oft, wie der Exponent (n) angibt.

Wie beim ***Multiplizieren*** ein Summand wiederholt ***addiert*** wird, so wird beim ***Potenzieren*** ein Faktor wiederholt ***multipliziert***.

4 + 4 + 4 + 4 + 4	**ist das Gleiche wie**	**5 • 4 = 20**
4 • 4 • 4 • 4 • 4	**ist das Gleiche wie**	**4^5 = 1024**

Wie geht man mit der Potenz in einer Gleichung um? Welche Regeln muss ich bei der Äquivalenzumformung von höhergradigen Rechenoperationen beachten?

Da das Kommutativgesetz beim Potenzieren nicht gilt, gibt es zwei Umkehrrechenarten, je nach gesuchter Größe (x):

4^3	**= x**	**Potenzieren:**	**4 • 4 • 4**	**x = 64**
x^3	**= 64**	**Wurzelziehen:**	**$\sqrt[3]{64}$**	**x = 4**
4^x	**= 64**	**Logarithmieren:**	**$\frac{\log 64}{\log 4}$**	**x = 3**

2. Potenzregeln

Bei der Potenzrechnung ist es wichtig, dass man sich in der Aufgabe orientieren kann. Dabei hilft es, sich an einem Fragebaum entlang zu arbeiten.

1. Frage: Was ist gleich – Basis oder Exponent?

2. Frage: Welche Rechenoperation wird verlangt – Multiplikation oder Division?

Potenzen mit gleicher Basis werden ...

(P1) ...multipliziert, indem die Exponenten addiert werden: $a^s \cdot a^t = a^{s+t}$

Beispiel: $a^3 \cdot a^4 = a^{3+4} = a^7$

(P2) ...dividiert, indem die Exponenten subtrahiert werden: $a^s : a^t = a^{s-t}$

Beispiel: $a^8 : a^6 = a^{8-6} = a^2$

Potenzen mit gleichem Exponenten werden ...

(P3) ...multipliziert, indem die Basen multipliziert werden: $a^s \cdot b^s = a^s b^s = (ab)^s$

Beispiel: $3^a \cdot 5^a = (3 \cdot 5)^a = 15^a$

(P4) ...dividiert, indem die Basen dividiert werden: $a^s : b^s = (a : b)^s$

Beispiel: $18^a : 6^a = (18 : 6)^a = 3^a$

Potenzen werden potenziert, ...

(P5) ...indem die Exponenten multipliziert werden: $(a^n)^m = a^{n \cdot m}$

Beispiel: $(a^4)^3 = a^{4 \cdot 3} = a^{12}$

Beachte auch die folgenden Rechenregeln im Umgang mit Potenzen.

- Jede Basis hoch Null ergibt den Wert 1. $a^0 = 1$ Beispiel: $538^0 = 1$ usw.
- $a^{-t} = \frac{1}{a^t}$
- $a^{\frac{m}{n}} = \sqrt[n]{a^m}$
- Das Potenzieren ist nicht kommutativ: $2^3 = 8$ aber $3^2 = 9$
- Das Potenzieren ist nicht assoziativ: $(3^1)^3 = 27$ aber $3^{(1^3)} = 3$

3. Potenzen mit gleicher Basis multiplizieren – (P1)

⊙ **Runde 1**: *Finde die passende Lösung im Kasten. Erkennst du die Unterschiede?*

a) $6 + 6 + 6 + 6 =$ | b) $6 \cdot 6 \cdot 6 \cdot 6 =$

c) $f \cdot f \cdot f \cdot f \cdot f =$ | d) $f + f + f + f + f =$

e) $(-5) \cdot (-5) \cdot (-5) =$ | f) $-5 - 5 - 5 =$

g) $(-b) \cdot (-b) \cdot (-b) \cdot (-b) =$ | h) $a \cdot 7 \cdot a \cdot 7 \cdot a =$

$4 \cdot 6$	$5f$	$(-5)^3$
7^2a^3	$+b^4$	6^4
f^5	(-15)	

⊙ **Runde 2**: *Schreibe mit einer Potenz.*

a) $2^4 \cdot 2^3 =$ | b) $14^2 \cdot 14^5 =$ | c) $g^{11} \cdot g^{12} =$

d) $d^4 \cdot d^{-1} =$ | e) $5^{-3} \cdot 5^3 =$ | f) $b^{-6} \cdot b^{-2} =$

g) $100^0 \cdot 100^1 =$ | h) $c^{20} \cdot c^4 =$ | i) $u^{k-3} \cdot u^{2k+5} =$

! **Runde 3**: *Ergänze den fehlenden Wert in der Lücke.*

a) $r^9 \cdot r^{\square} = r^{13}$ | b) $4^{\square} \cdot 4^2 = 4^5$

c) $\square^{a} \cdot 14^{a} = 14^{2a}$ | d) $s^{-10} \cdot s^{\square} = s^{-6}$

e) $h^{\square} \cdot h^7 = h^4$ | f) $\square^{7} \cdot x^{\square} = x^9$

g) $5^{4x+3} \cdot 5^{\square} = 5^{6x-1}$ | h) $\frac{1}{5}\, y^{\square} \cdot \square\, y^{3k} = 2y^{2k}$

✶ **Runde 4**: *Vereinfache den Term so weit wie möglich.*

a) $\frac{1}{2}w^5 \cdot 8w^4 =$ | b) $0{,}2f^{12} \cdot 5f^3 =$ | c) $4t^{-4} \cdot \frac{3}{4}\, t^4 =$

d) $(-5)^3 \cdot (-5)^2 =$ | e) $(-a)^{-4} \cdot (-a)^{-2} =$ | f) $\frac{1}{16}\, v^{-a} \cdot 8v^{a+3} =$

g) $17b^{m+3} \cdot b^{-m} =$ | h) $13^{8+s} \cdot 13^{-8-s} =$ | i) $3a^2b^4 \cdot 5a^{-2}b^{-3} =$

j) $x^4y^3 \cdot xy^2 =$ | k) $-4u^5v^{-3} \cdot 7u^{-7}v^7 =$ | l) $l^{k-4} \cdot l^4 =$

✶ **Runde 5**: *4 Jungs organisieren eine Party. Jeder Junge bringt 4 Mädchen mit, von denen jede 4 Kartons mit je 4 Flaschen Cola mitbringt. Jede Cola-Flasche reicht für 4 Gläser. Wie viele Gläser Cola können die Jungen insgesamt füllen?*

4. Potenzen mit gleicher Basis dividieren – (P2)

⊙ **Runde 1:** *Finde die passende Lösung im Kasten.*

a) $7^5 : 7^3 =$

b) $f^8 : f^3 =$

c) $4x^7 : x^6 =$

d) $16z^4 : 2z =$

e) $20a : 4a^3 =$

f) $d^{-3} : d^2 =$

g) $\frac{1}{2} e^{-4} : \frac{1}{4} e^{-2} =$

h) $g^{m+3} : g^{m+1} =$

Kasten: $5a^{-2}$, f^5, $8z^3$, 7^2, d^{-5}, g^2, $4x$, $2e^{-2}$

! **Runde 2:** *Mit den richtigen Lösungen findest du das gesuchte Wort.*

	Lösung 1		Lösung 2	
$d^4 : d^{-2}$	Z	d^6	S	d^2
$5w^{-3} : w^{-5}$	E	$\frac{1}{5} w^2$	I	$5w^2$
$\frac{b^{m-1}}{b^{m+1}}$	K	b^{-m-2}	R	b^{-2}
$t^{n+3} : t^n$	K	t^3	B	t^{2n+3}
$a^{x+3} : a^0$	A	nicht definiert	E	a^{x+3}
$2{,}4y^4 : 0{,}8y$	L	$3y^3$	N	$\frac{1}{3} y^5$

Lösungswort: ______________________________

✶ **Runde 3:** *Vereinfache den Term so weit wie möglich. Achte auf das Vorzeichen!*

Beispiel: $\frac{x^{6m}}{x^{2m-1}} = x^{6m-(2m-1)} = x^{6m-2m+1} = x^{4m+1}$

a) $\frac{t^{5x+3}}{t^{x+1}}$ = ________________ = ________________ = ________________

b) $\frac{18a^{2s+2}}{6a^{4s+4}}$ = ________________ = ________________ = ________________

c) $\frac{4{,}5c^{-y-3}}{0{,}9c^{-y-4}}$ = ________________ = ________________ = ________________

5. Potenzen mit gleicher Basis – Gemischte Aufgaben (P1 & P2)

⊙ **Runde 1**: *Vereinfache den Term so weit wie möglich.*

a) $\frac{u^4 \cdot u^3}{u \cdot u^2} =$ b) $\frac{3a^{2x} \cdot 2a^{3x+1}}{6a^x \cdot a} =$ c) $\frac{4s^4 \cdot 3s^3}{2s^2 \cdot 5s^5} =$

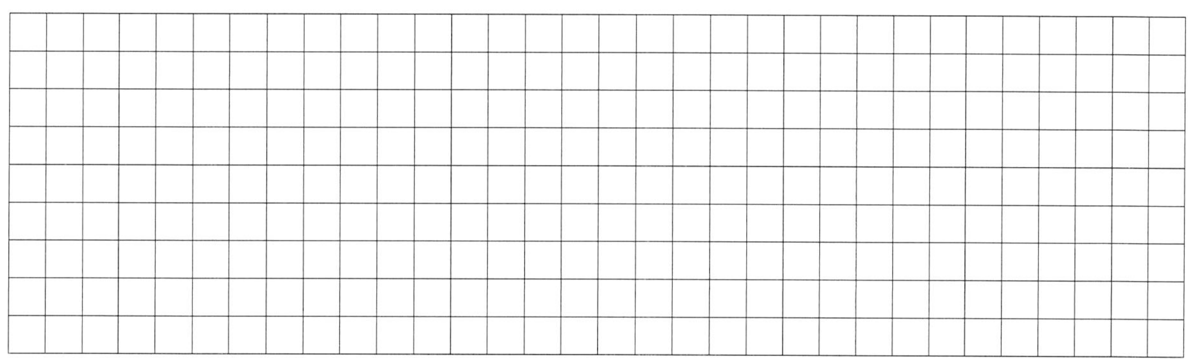

! **Runde 2**: *Vereinfache den Term so weit wie möglich.*

a) $\frac{b^2 \cdot 8c^7}{4c^6 \cdot b} =$ b) $\frac{d^{m+2}}{d^{m+1}} \cdot d^m =$ c) $\frac{1{,}5t^{8a} \cdot 6x^{3s+1}}{4{,}5x^{5s+5} \cdot 2t^{6a}} =$

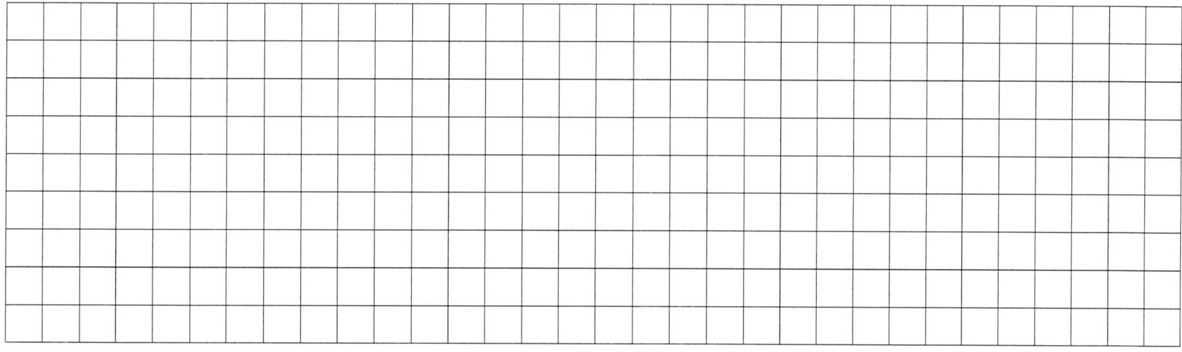

✶ **Runde 3**: *Vereinfache den Term so weit wie möglich.*

a) $\frac{y^{2n+1} \cdot y^{4n-2}}{y^{n-6}} =$ b) $\frac{b^{2m+4} \cdot b^{m+1}}{b^{3(m+1)}} =$ c) $\frac{g^{2v+1} \cdot g^{v+1}}{g^{3v+1}} =$

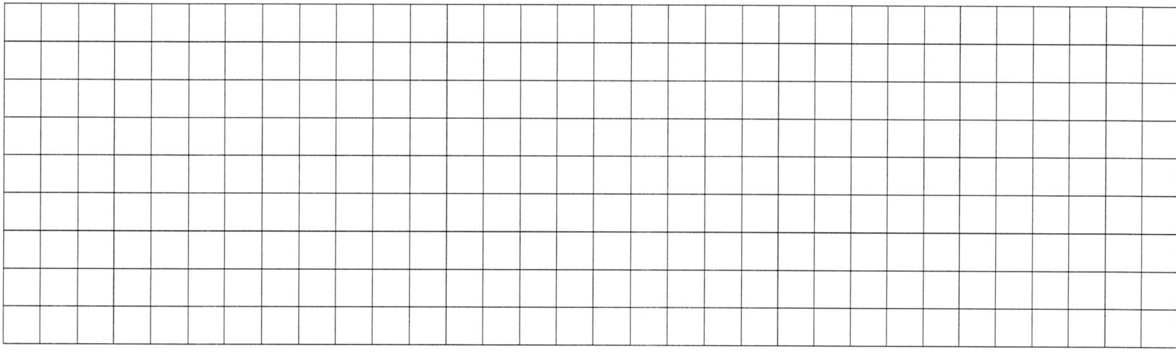

6. Potenzen mit gleichem Exponenten multiplizieren – (P3)

Potenzen mit gleichem Exponenten werden multipliziert, indem die Basen multipliziert werden und der Exponent unverändert beibehalten wird.

<u>Beispiel</u>: $z^4 \cdot t^4 = (z \cdot t)^4$ $\quad 3^5 \cdot 2^5 = (3 \cdot 2)^5 = 6^5$

⊙ **<u>Runde 1</u>:** *Schreibe als eine Potenz.*

a) $5^x \cdot 4^x$ = = **b)** $8^{-4} \cdot 2^{-4}$ = =

c) $(-2)^t \cdot 3^t$ = = **d)** $(\frac{1}{3})^5 \cdot (\frac{2}{5})^5$ = =

e) $(-0{,}4)^{y+1} \cdot 5^{y+1}$ = = **f)** $(-7)^m \cdot (-2)^m$ = =

g) $(4x)^2$ = **h)** $(5a^2)^2$ =

! **<u>Runde 2</u>:** *Ergänze die fehlenden Angaben in den Kästchen.*

a) $3^4 \cdot \square^4 = 21^4$ **b)** $(-5)^{\square} \cdot 3^x = (-15)^x$

c) $\square^{n+1} \cdot (-4)^{n+1} = 4^{n+1}$ **d)** $\square^{\square} \cdot 2^{2k} = 14^{2k}$

e) $18^{3d+y} \cdot \square^{3d+y} = 36^{\square}$ **f)** $\square^z \cdot \square^z = 100^z$

g) $\square^{\square} \cdot (-6)^{\square} = (-42)^w$ **h)** $(\frac{2}{5})^{t+1} \cdot (\frac{1}{3})^{t+1} = \square^{\square}$

✶ **<u>Runde 3</u>:** *Forme um. Achte, falls nötig, auf Binome. Denke auch an die Regel P1.*

a) $(3 + x)^2 =$

b) $b^{m+2} \cdot c^{m+2} =$

c) $(u - v)^2 =$

d) $(4d + 7e)(4d - 7e) =$

e) $(6s + 4t)^2 =$

f) $x^3 \cdot (x^2 - x^4) =$

g) $(-8a)^{m-n} \cdot (-\frac{1}{4}a)^{m-n} =$

h) $(3a)^{m-1} \cdot a^{m-1} =$

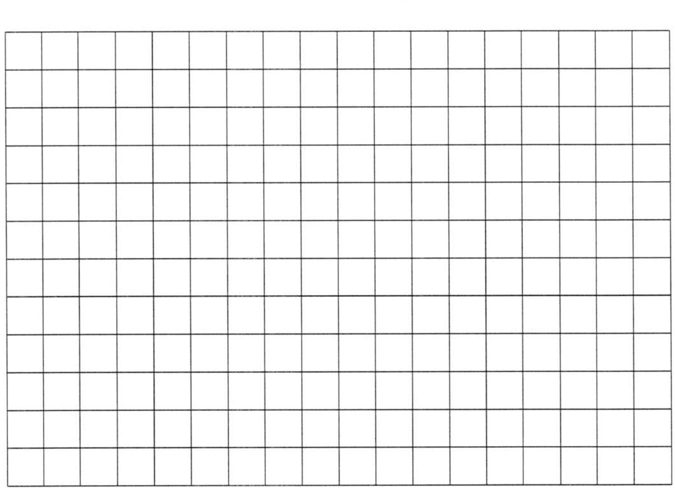

7. Potenzen mit gleichem Exponenten dividieren – (P4)

Potenzen mit gleichem Exponenten werden dividiert, indem die Basen dividiert werden und der Exponent unverändert beibehalten wird.

Beispiel: $\frac{z^4}{t^4} = (\frac{z}{t})^4$ $\frac{18^x}{9^x} = (\frac{18}{9})^x = 2^x$

⊙ **Runde 1**: *Fasse zu einer Potenz zusammen.*

a) $22^6 : 11^6 =$ **b)** $(\frac{21}{7})^m =$

c) $\frac{125^{t+1}}{25^{t+1}} =$ **d)** $\frac{2468^y}{1234^y} =$

e) $2^{n-3} : 4^{n-3} =$ **f)** $\frac{60^{2x}}{30^{2x}} =$

g) $(\frac{8a}{4a})^5 =$ **h)** $\frac{66666^{22}}{11111^{22}} =$

! **Runde 2**: *Ergänze den fehlenden Wert in den Kästchen.*

a) $\frac{72^a}{6^a} = \square^a$ **b)** $(-8)^r : 4^r = \square^{\square}$

c) $20^{xyz} : 10^{\square} = 2^{xyz}$ **d)** $30^{\square} : \square^{7v} = 3^{\square}$

e) $(-18)^{\square} : (-6)^{\square} = \square^t$ **f)** $21^{\square} : 19^{\square} = 1$

g) $(\frac{5}{12})^{\square} : \square^{ab} = 0{,}5^{\square}$ **h)** $\square^{-xw} : (-3)^{-xw} = 5^{\square}$

✶ **Runde 3**: *Vereinfache den Term so weit wie möglich.*

a) $b^{2x-1} : (3b)^{2x-1} =$ **b)** $a^{2x-2} : (0{,}5a)^{2x-2} =$

c) $\frac{(3w)^{-z}}{(9w)^{-z}} =$ **d)** $(\frac{5}{8})^v : (\frac{15}{8})^v =$

e) $(\frac{36}{3})^2 : 3^2 =$ **f)** $\frac{5380^0}{1285^0} =$

Wiederholung: a) $\frac{u^2 \cdot 8v^8}{4u \cdot v^6} =$ b) $\frac{27x^{-4}y^{-2}}{9x^{-5}y^{-3}} =$

8. Potenzieren einer Potenz – (P5)

Eine Potenz wird potenziert, indem die Exponenten multipliziert werden und die Basis unverändert beibehalten wird.

Beispiel: $(z^a)^b = z^{ab}$ $(18^3)^4 = 18^{3\cdot 4} = 18^{12}$

⊙ **Runde 1:** *Schreibe in einer Potenz.*

a) $(3^2)^3 =$ **b)** $(1{,}48^x)^3 =$

c) $(-a^4)^5 =$ **d)** $(7^3)^{-2} =$

e) $(w^4)^{m+2} =$ **f)** $(v^2)^{-t-3} =$

g) $(8^{-a})^{-3} =$ **h)** $(4^{-3})^{-2-x} =$

! **Runde 2:** *Ergänze den fehlenden Wert im Kästchen.*

a) $(2^3)^{\square} = 2^6$ **b)** $(2^{\square})^4 = 256$

c) $(5^3)^3 = 5 \cdot 5^{\square}$ **d)** $(y^{3t})^{\square} = y^{-6t}$

e) $(s^2a^3)^4 = \square$ **f)** $(2{,}14^8)^{\square} = 1$

g) $(w^{-12})^{\square} = w^6$ **h)** $(7e^{\square})^{\square} = (7e)^{-8}$

✶ **Runde 3:** *Hier wurde doch etwas falsch gerechnet, oder? Finde den Fehler, korrigiere ihn und beschreibe, welcher Fehler gemacht wurde.*

a) $(78^2)^3 = 78^5$

richtig ist = ____________

b) $(x^{-3})^{-4} = x^{-12}$

richtig ist = ____________

c) $(p^{0,5})^{2x} = p^{2x+0,5}$

richtig ist = ____________

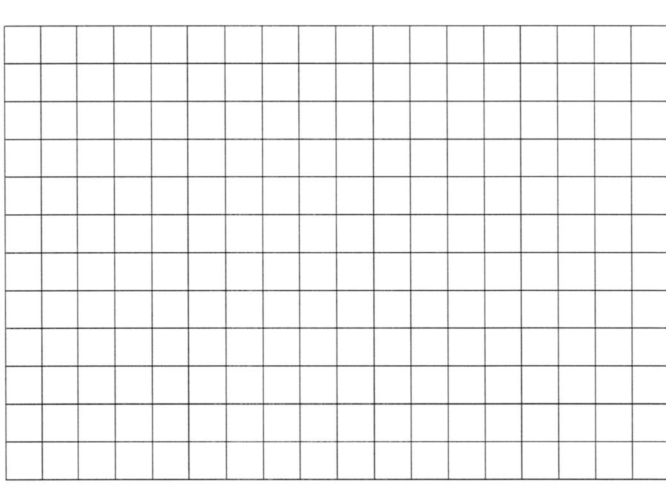

9. Addieren und Subtrahieren bei Potenzen

Potenzen können nur dann addiert oder subtrahiert werden, wenn sie sowohl in der Basis als auch im Exponenten übereinstimmen. Wenn dies der Fall ist, werden lediglich die Vorfaktoren miteinander addiert oder subtrahiert.

Beispiel: $a^x + a^x = 2a^x$ $4t^3 - t^3 = 3t^3$

⊙ **Runde 1**: *Schreibe in einer Potenz.*

a) $14c^8 + 6c^8 =$

b) $14c^8 - 6c^8 =$

c) $6c^8 - 14c^8 =$

d) $\frac{3}{7}x^y + \frac{4}{7}x^y =$

e) $(-5w)^{3x-7} - (-7w)^{3x-7} =$

f) $s^0 + s^0 =$

g) $(t^3)^4 - (t^6)^2 =$

h) $\frac{4}{5}b^3 + \frac{1}{3}b^3 =$

! **Runde 2**: *Löse das Rätsel rund um die „höhergradigen Rechnungen". In den dunkel unterlegten Kästchen findest du das Lösungswort.*

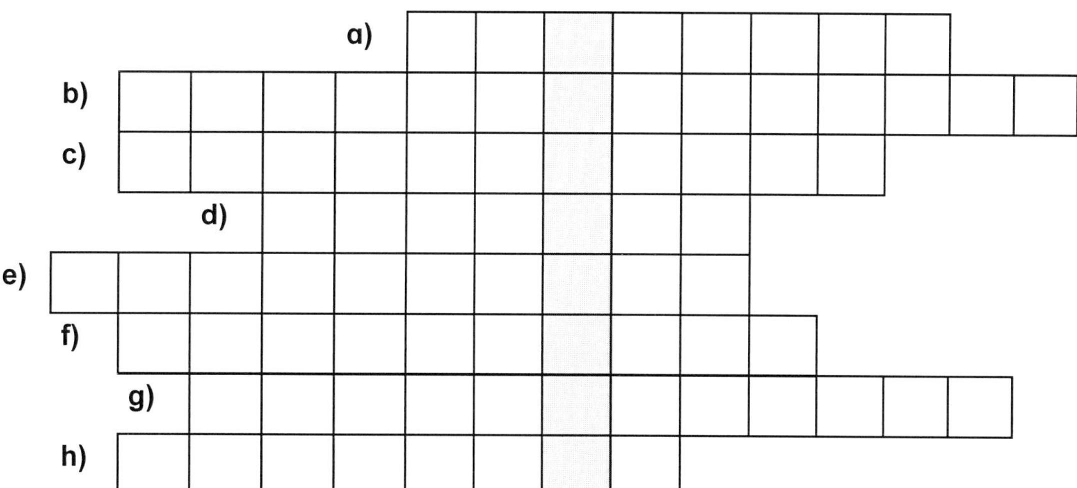

a) Anderes Wort für Hochzahl.

b) Die graphische Darstellung einer Gleichung nennt man ...

c) Die Methode zur Berechnung des x in der Gleichung $4^x = 64$.

d) Haben nicht nur Bäume und Blumen, sondern auch dein Taschenrechner.

e) Eine Zahl, die nach dem Komma niemals endet (bspw. $\sqrt{7}$, π), nennt man ...

f) Anderes Wort für Zehnerpotenz.

g) Das Wachstum der Algen in einem See oder des Geldes auf deinem Sparbuch nennt man ...

h) Die Zahl, aus der eine Wurzel gezogen wird, nennt man ...

10. Potenzgleichungen und Potenzfunktionen

Eine ***Potenzgleichung*** ist eine Gleichung, die aus mindestens einer Potenz mit einer Unbekannten besteht, sowie einer Konstanten.

Beispiel: **$x^3 = 16$**

Dabei suchen wir eine Zahl, die dreimal mit sich selbst multipliziert den Wert 16 ergibt.

Rechnung: **$x \cdot x \cdot x = 16$** **Lösung: $x = 2$, da $2 \cdot 2 \cdot 2 = 16$**

Das Schaubild einer Gleichung mit mindestens einer Potenz wird als ***Potenzfunktion*** bezeichnet.

Aufgabenstellung: Wir wollen die Potenzgleichung $x^{0,5} = 3$ ohne Taschenrechner lösen. Dazu zerlegen wir die Gleichung in zwei Funktionen:

$f(x) = x^{0,5}$ & $g(x) = 3$

⊙ **Runde 1**: *Vervollständige die Wertetabelle für $f(x) = x^{0,5}$*

x	0	0,5	1	1,5	2	3	4	5	6	7	8	9	10	11	12
f(x)															

! **Runde 2**: *Zeichne die Funktionen f(x) und g(x) in das Koordinatensystem.*

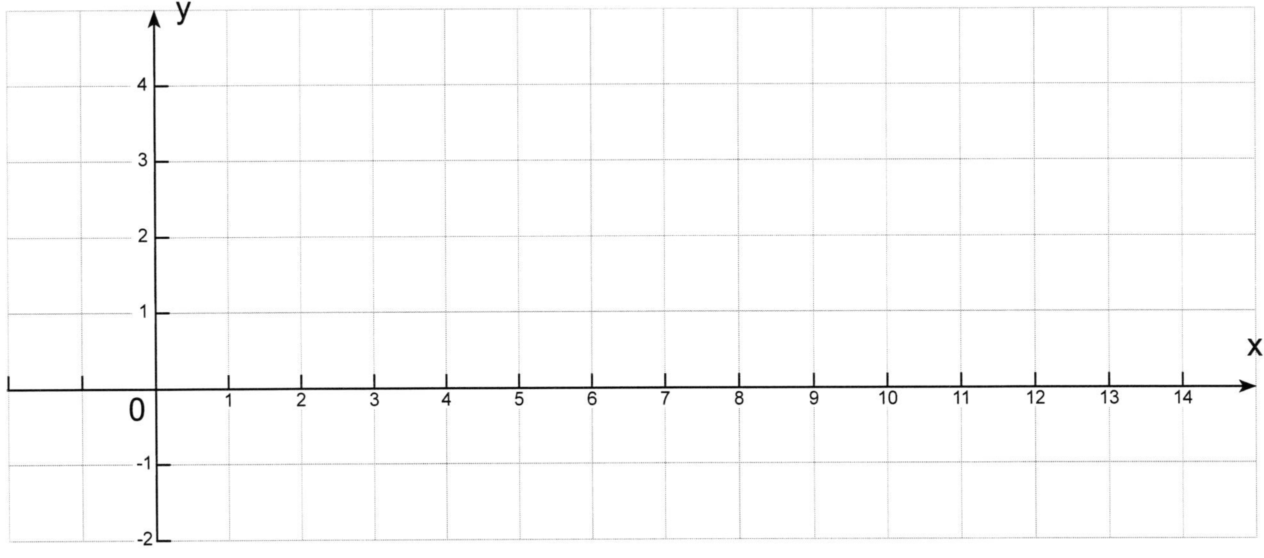

✶ **Runde 3**: *Lies den Schnittpunkt der beiden Funktionen ab S (/   ). Was sagt dieser Punkt S aus, in Bezug auf unsere Potenzgleichung? Was sagt dir der Schnittpunkt?*

11. Potenzen mit negativem Exponenten

Bei der Potenzregel P2 haben wir gelernt, dass Potenzen mit gleicher Basis dividiert werden, indem die Exponenten subtrahiert werden. Zur Erinnerung:

Beispiel: $a^{13} : a^{9} = a^{13-9} = a^{4}$

Hieraus ergibt sich, dass eine Potenz auch negativ werden kann. Beachte:

Beispiel: $a^{4} : a^{7} = a^{4-7} = a^{-3}$

Potenzen mit negativem Exponenten erklärt sich durch:

$$a^{-n} = \frac{1}{a^n}$$

⊙ **Runde 1:** *Schreibe die Potenz als Bruch ohne negative Exponenten.*

a) $a^{-3} =$ **b)** $5^{-4x} =$ **c)** $0{,}05^{-3} =$

d) $(\frac{2}{3})^{-x} =$ **e)** $2^{-10} =$ **f)** $\pi^{-a} =$

g) $(-7)^{-5} =$ **h)** $(-y)^{-x} =$ **i)** $0^{-5} =$

! **Runde 2:** *Schreibe den Bruch als Potenz mit negativen Exponenten.*

a) $\frac{1}{2^4} =$ **b)** $\frac{1}{7^9} =$ **c)** $\frac{1}{4^x} =$

d) $\left(-\frac{1}{3^a}\right) =$ **e)** $\left(-\frac{1}{d^3}\right) =$ **f)** $\frac{1}{w^{4x}} =$

g) $\left(-\frac{1}{10^{10}}\right) =$ **h)** $\frac{1}{z^5} =$ **i)** $\frac{1}{3^a 4^b} =$

✶ **Runde 3:** *Vereinfache zuerst. Schreibe die Potenz ohne negative Exponenten.*

a) $\frac{15^2 \cdot 15^3}{15^8} =$ **b)** $\frac{7^{-4} \cdot 7^{-3}}{7^{11} \cdot 7^{-15}} =$

c) $\frac{8^{-3} \cdot 5^2}{5^4 \cdot 8^{-5}} =$ **d)** $\frac{\left(\frac{3}{5}\right)^2 \cdot \left(\frac{4}{7}\right)^3}{\left(\frac{4}{7}\right)^5 \cdot \left(\frac{3}{5}\right)^4} =$

12. Zehnerpotenzen

Als Zehnerpotenzen oder Stufenzahlen, bezeichnet man Potenzen mit der Basis 10 und einem beliebigen, ganzzahligen Exponenten.

Es gilt: 10^n

⊙ **Runde 1:** *Vervollständige die Tabelle mit der richtigen Dezimal- und Exponentialschreibweise.*

Trivialname	Dezimalschreibweise	Exponentialschreibweise
Zehntausendstel	0,0001	10^{-4}
Tausendstel		
Hundertstel		
Zehntel		
Eins		
Zehn		
Hundert		
Tausend		
Zehntausend		
Hunderttausend		
Million		
Milliarde		
Billion		
Billiarde		
Trillion		
Trilliarde	1.000.000.000.000.000.000.000	10^{21}

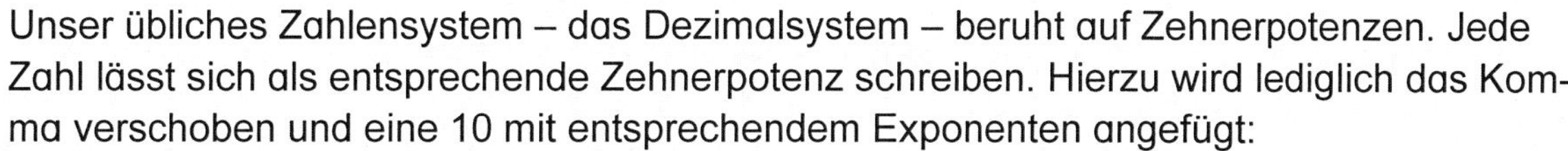

• Potenzrechnung

Unser übliches Zahlensystem – das Dezimalsystem – beruht auf Zehnerpotenzen. Jede Zahl lässt sich als entsprechende Zehnerpotenz schreiben. Hierzu wird lediglich das Komma verschoben und eine 10 mit entsprechendem Exponenten angefügt:

Beispiel: Das Komma nach **links** verschieben => die Hochzahl wird **größer**.

56700000,0 => $5{,}67 \cdot 10^7$

um 7 Stellen verschoben

Das Komma nach **rechts** verschieben => die Hochzahl wird **kleiner**.

0,000004 => $4{,}0 \cdot 10^{-6}$

um 6 Stellen verschoben

! **Runde 2**: *Ordne die Vorsilben und Symbole aus der Liste in die Tabelle ein.*

Vorsilbe										
Symbol										
Faktor	10^1	10^2	10^3	10^6	10^9	10^{12}	10^{15}	10^{18}	10^{21}	10^{24}
Vorsilbe										
Symbol										
Faktor	10^{-1}	10^{-2}	10^{-3}	10^{-6}	10^{-9}	10^{-12}	10^{-15}	10^{-18}	10^{-21}	10^{-24}

Vorsilben: Deka, Hekto, Kilo, Mega, Giga, Tera, Peta, Exa, Zetta, Yotta, Dezi, Zenti, Milli, Mikro, Nano, Piko, Femto, Atto, Zepto, Yokto

Symbole: da, h, k, M, G, T, P, E, Z, Y, d, c, m, μ, n, p, f, a, z, y

✶ **Runde 3:** *Wandle die angegebenen Längen und Gewichte in die Zehnerpotenzschreibweise um. Gib alle Längen in Meter und alle Gewichte in Kilogramm an und markiere die passende Stelle am Zahlenstrahl mit dem jeweiligen Symbolbuchstaben. Wenn deine Angaben stimmen, erhältst du ein Lösungswort.*

Symbol	**Länge oder Durchmesser**	**Angabe**	**als Zehnerpotenz in m**
E	Entfernung Erde - Mond	384.400 km	
C	Durchmesser eines Wasserstoffatoms	25 pm	
E	Höhe der Freiheitsstatue in New York City	93 m	
H	Durchmesser eines roten Blutkörperchens	7,5 µm	
U	Länge eines Streichholzes	5 cm	
L	Länge des Amazonas	6448 km	
N	Burj Khalifa in Dubai (höchstes Gebäude der Welt)	830 m	
E	Dicke dieses Blattes	0,1 mm	
	Gewicht		**als Zehnerpotenz in kg**
!	Masse des gesamten Wassers auf der Erde	$1{,}386 \cdot 10^{18}$ t	
T	Gewicht eines Blauwals	120 t	
K	Gewicht eines Taschenrechners	30 g	
N	Gewicht eines Marienkäfers	2,5 g	
E	Gewicht eines roten Blutkörperchens	$3 \cdot 10^{-11}$ g	
S	Gewicht eines PKW	1,3 t	
R	Gewicht der Cheops Pyramide	6.250.000 t	
R	Gewicht eines Grippevirus	5 ag	

10^{-18}
10^{-16}
10^{-14}
10^{-12}
10^{-10}
10^{-8}
10^{-6}
10^{-4}
10^{-2}
10
10^{2}
10^{4}
10^{6}
10^{8}
10^{10}
10^{12}
10^{14}
10^{16}
10^{18}
10^{20}
10^{22}

13. Wissenschaftliche Schreibweise

Riesengroße oder winzig kleine Zahlen bestehen aus zu vielen Ziffern, als dass wir sie mühelos lesen können. Um solche Zahlen anschaulicher und begreifbarer zu machen, wandelt man sie in die wissenschaftliche Schreibweise um. Dabei wird das Komma so weit verschoben, bis nur noch eine ganze Zahl (außer 0) vor dem Koma steht. Die Anzahl der verschobenen Stellen wird als Zehnerpotenz nachgestellt.

Beispiel: 3248000000,0 = $3{,}248 \cdot 10^9$

das Komma wird um 9 Stellen nach links verschoben (= 10^9)

0,00000000854 = $8{,}54 \cdot 10^{-9}$

das Komma wird um 9 Stellen nach rechts verschoben (= 10^{-9})

⊙ **Runde 1**: *Wandle in die wissenschaftliche Schreibweise um.*

a) 54387215 =
b) 123456,7 =
c) 0,000504 =
d) 975312468 =
e) 8 Millionen =
f) 0,00000006 =
g) 25,3 Milliarden =
h) 0,0010002003 =

! **Runde 2**: *Wandle in die korrekte wissenschaftliche Schreibweise um.*

a) $734 \cdot 10^3$ =
b) $0{,}23 \cdot 10^{-4}$ =
c) $33 \cdot 10^{10}$ =
d) $0{,}068 \cdot 10^{-5}$ =
e) $0{,}068 \cdot 10^5$ =
f) $4456{,}12 \cdot 10^{-3}$ =
g) $12345 \cdot 10^2$ =
h) $0{,}123 \cdot 10^{-7}$ =
i) $900{,}001 \cdot 10^{-3}$ =
j) $538{,}4 \cdot 10^0$ =

✶ **Runde 3**: *Das grüne Licht hat eine Wellenlänge von 560 nm. Gib diese Angabe in der wissenschaftlichen Schreibweise an und berechne, wie viele Wellen des grünen Lichtes in eine Strecke von 1 Meter passen?*

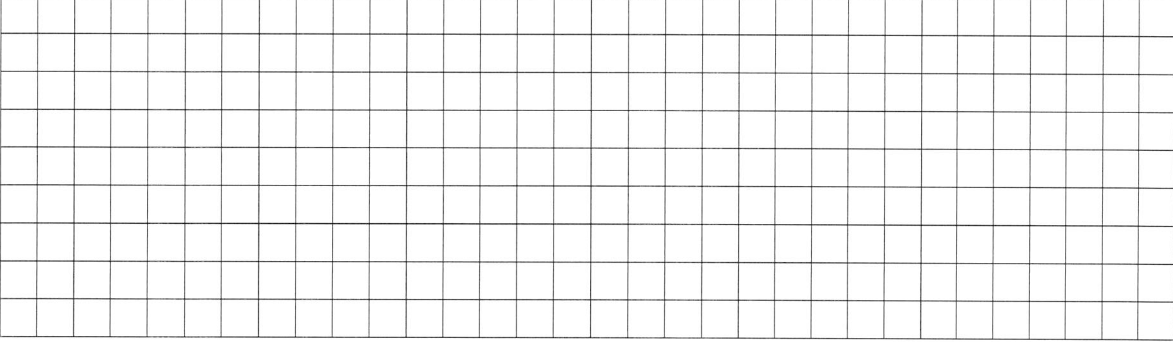

1. Was sind Wurzeln?

In der Mathematik versteht man unter **Wurzelziehen** oder **Radizieren** (vom lateinischen *radix* = Wurzel) die Bestimmung der Unbekannten *x* in der Potenz

$$a = x^n.$$

Hierbei ist **n** eine natürliche Zahl, die größer als 1 ist und **a** eine positive reelle Zahl. Das Ergebnis des Wurzelziehens bezeichnet man als **Wurzel** oder **Radix**. Das Wurzelziehen ist eine Umkehrung des Potenzierens.

Hierbei bezeichnet man: $\sqrt[\text{Wurzel-exponent}]{\text{Radikant}}$

Üblicherweise wird die **zweite** Wurzel als Quadratwurzel oder einfach nur als *die* Wurzel bezeichnet und der Wurzelexponent weggelassen:

$$\sqrt[2]{a} = \sqrt{a}$$

Die Wurzel mit dem Wurzelexponenten 3 (dritte Wurzel) bezeichnet man auch als **Kubikwurzel**.

Beispiel: $\sqrt[3]{27} = 3$ (denn 3 • 3 • 3 = 27)

Das Wurzelziehen mit dem Wurzelexponenten **n** und das Potenzieren mit dem Exponenten **n** heben sich gegenseitig auf. Es gilt:

$\left(\sqrt[n]{a}\right)^n = a$ denn, $(\sqrt[2]{9})^2 = (3)^2 = 9$

Das Wurzelziehen mit dem Wurzelexponenten **n** kann man auch als das Potenzieren des Kehrwertes, also mit $\frac{1}{n}$ verstehen.

$\sqrt[n]{a} = a^{\frac{1}{n}}$ also $\sqrt[2]{16} = 16^{\frac{1}{2}} = 4$

Besonderheit: ***Wurzeln aus negativen Zahlen***

Aus einer negativen Zahl kann man nur solche Wurzel ziehen, deren Wurzelexponent ungerade ist.

$\sqrt[2]{(-16)}$ = ist nicht definiert $\sqrt[3]{(-8)}$ = (-2), denn (-2) • (-2) • (-2) = (-8)

2. Wurzelregeln

Für die Berechnung von Wurzeln ohne Verwendung gerundeter Werte gelten bestimmte Regeln. Diese Regeln ergeben sich aus den Potenzregeln.

Rechenart	Regel	Beispiel
Multiplizieren	$\sqrt[n]{a} \cdot \sqrt[n]{b} = \sqrt[n]{a \cdot b}$	$\sqrt[2]{12} \cdot \sqrt[2]{3} = \sqrt[2]{12 \cdot 3} = \sqrt[2]{36} = 6$
Dividieren	$\frac{\sqrt[n]{a}}{\sqrt[n]{b}} = \sqrt[n]{\frac{a}{b}}$	$\frac{\sqrt[3]{128}}{\sqrt[3]{2}} = \sqrt[3]{\frac{128}{2}} = \sqrt[3]{64} = 4$
Addieren	$\sqrt[n]{a} + \sqrt[n]{a} = 2\sqrt[n]{a}$	$6\sqrt[5]{11} + 3\sqrt[5]{11} = 9\sqrt[5]{11}$
Subtrahieren	$2\sqrt[n]{a} - \sqrt[n]{a} = \sqrt[n]{a}$	$6\sqrt[5]{11} - 2\sqrt[5]{11} = 4\sqrt[5]{11}$
Schachtelwurzel	$\sqrt[n]{\sqrt[m]{a}} = \sqrt[n \cdot m]{a}$	$\sqrt[3]{\sqrt[4]{123}} = \sqrt[12]{123}$
gebrochener Exponent	$a^{\frac{m}{n}} = \sqrt[n]{a^m} = (\sqrt[n]{a})^m$	$15^{\frac{3}{4}} = \sqrt[4]{15^3} = (\sqrt[4]{15})^3$
negativer Exponent	$a^{-\frac{m}{n}} = \frac{1}{a^{\frac{m}{n}}}$	$3^{-\frac{2}{5}} = \frac{1}{3^{\frac{2}{5}}}$

Stell dir einmal vor, du suchst die Zahl, die 25-mal mit sich selbst multipliziert diese Zahl ergibt, die aus 81 Ziffern besteht.

$\sqrt[25]{880.794.982.218.444.893.023.439.794.626.120.190.780.624.990.275.329.063.400.179.824.681.489.784.873.773.249}$

Der Computer gibt die Lösung dieser 25-ten Wurzel mit 1729 an.

Dr. Dr. Gert Mittring ist mehrfacher Weltmeister im Kopfrechnen und hält mehrere Weltrekorde in Kopfrechnen auf Zeit. Unter anderem hat Gert Mittring aus einer Zahl, die aus 100 Ziffern besteht die 13-te Wurzel im Kopf gezogen. Was glaubst du, wie lange er dafür gebraucht hat?

a) 13,3 Sekunden

b) 33,3 Sekunden

c) 53,3 Sekunden

Richtige Antwort ist (a). Dr. Mittring benötigte 13,3 Sekunden für die Aufgabe.

3. Quadratwurzeln

Die Quadratwurzel (meist einfach nur Wurzel) genannt, ist die Umkehrung der Quadrierung einer Zahl. Wenn also beispielsweise 5 mit sich selbst multipliziert 25 ergibt, dann hat wiederum die Wurzel aus 25 den Wert 5.

Man schreibt: $\sqrt[2]{25}$ **=** $\sqrt{25}$ **= 5**

Der Einfachheit halber lässt man bei der Quadratwurzel den Wurzelexponenten einfach weg.

⊙ **Runde 1**: *Bestimme die Wurzeln. Schaffst du das im Kopf?*

a)	$\sqrt{16} =$	**b)**	$\sqrt{49} =$	**c)**	$\sqrt{121} =$
d)	$\sqrt{625} =$	**e)**	$\sqrt{225} =$	**f)**	$\sqrt{36} =$
g)	$\sqrt{144} =$	**h)**	$\sqrt{(+9)} =$	**i)**	$\sqrt{0} =$

! **Runde 2**: *Bestimme die Wurzeln ohne Verwendung gerundeter Werte.*

a)	$\sqrt{\frac{16}{25}} =$	**b)**	$\sqrt{\frac{144}{169}} =$	**c)**	$\sqrt{\frac{1}{9}} =$
d)	$\sqrt{6,25} =$	**e)**	$\sqrt{2,25} =$	**f)**	$\sqrt{0,36} =$
g)	$\sqrt{1,44} =$	**h)**	$\sqrt{(-9)} =$	**i)**	$\sqrt{(39+42)} =$

✶ **Runde 3**: *Bestimme die Wurzeln ohne Verwendung gerundeter Werte.*

Tipp: Beachte die Regeln der Bruchrechnung!

a)	$\sqrt{\frac{48}{12}} =$	**b)**	$\sqrt{\frac{80}{5}} =$	**c)**	$\sqrt{\frac{1602}{178}} =$
d)	$\sqrt{6\frac{1}{4}} =$	**e)**	$\sqrt{\frac{(117+126)}{3}} =$	**f)**	$\sqrt{\sqrt{1296}} =$
g)	$\sqrt{1\frac{22}{50}} =$	**h)**	$\sqrt{\frac{(-1)}{(-4)}} =$	**i)**	$\sqrt{4x^2} =$
j)	$\sqrt{\frac{x^6}{x^2}} =$	**k)**	$\sqrt{(3+y)^2} =$	**l)**	$(\sqrt{100})^2 =$

4. Multiplizieren und Dividieren von Wurzeln

Beim Multiplizieren bzw. Dividieren von Wurzeln gilt:

$\sqrt{a} \cdot \sqrt{b} = \sqrt{(a \cdot b)}$ bzw. $\sqrt{\frac{a}{b}} = \frac{\sqrt{a}}{\sqrt{b}}$

⊙ **Runde 1**: *Berechne die Wurzeln. Schaffst du das im Kopf?*

a) $\sqrt{9 \cdot 16} =$ b) $\sqrt{49 \cdot 4} =$ c) $\sqrt{\frac{25}{36}} =$

d) $\sqrt{\frac{192}{3}} =$ e) $\sqrt{1,44 \cdot 3,24} =$ f) $\sqrt{3 \cdot 12} =$

g) $\sqrt{225x^2} =$ h) $\sqrt{(-6) \cdot (-13,5)} =$ i) $\sqrt{\frac{d^{13}}{d^5}} =$

! **Runde 2**: *Fülle die Lücken aus. Du kannst den Taschenrechner benutzen.*

a) $\sqrt{8} \cdot \sqrt{} = 16$ b) $\frac{\sqrt{0,125}}{\sqrt{}} = 2,5$ c) $\sqrt{} \cdot \sqrt{28} = 14$

d) $\frac{\sqrt{162}}{\sqrt{}} = 9$ e) $\sqrt{0,2} \cdot \sqrt{} = 0,6$ f) $\frac{\sqrt{294}}{\sqrt{}} = 7$

g) $\sqrt{} \cdot \sqrt{75} = 45$ h) $\frac{\sqrt{}}{\sqrt{x^4}} = x^3$ i) $\sqrt{5} \cdot \sqrt{} = 2,5$

✶ **Runde 3**: *Bestimme die Wurzeln ohne Verwendung gerundeter Werte.*

Tipp: Beachte die Regeln der Bruchrechnung!

a) $\sqrt{\frac{1}{3}} \cdot \sqrt{\frac{4}{12}} =$ b) $\sqrt{\frac{2}{3}} : \sqrt{\frac{6}{4}} =$ c) $\sqrt{(-\frac{3}{4})} \cdot \sqrt{\frac{3}{16}} =$

d) $\sqrt{\frac{121w^3}{225w}} =$ e) $\sqrt{\frac{3}{4}} \cdot \sqrt{\frac{3}{16}} =$ f) $\sqrt{5\frac{1}{16}} =$

g) $\sqrt{\left(-\frac{3}{4}\right)} \cdot \sqrt{(-12)} =$ h) $\sqrt{1\frac{3}{8}} : \sqrt{1\frac{7}{11}} =$ i) $\sqrt{2\frac{7}{81}} \cdot \sqrt{\frac{a^5}{a^3}} =$

5. Addieren und Subtrahieren von Wurzeln

Beim Addieren und Subtrahieren von Wurzeln gelten die gleichen Regeln, wie bei der Strichrechnung von Variablen. So wie beispielsweise die Variable x nur mit einer anderen Variablen x verrechnet werden darf, so müssen auch die Wurzeln, den gleichen Radikanden haben. **Es gilt**:

Rechenart	Variable	Variablenterm	Wurzelterm
Add./Sub.	gleich	$x + x = 2x$	$\sqrt{5} + \sqrt{5} = 2\sqrt{5}$
Add./Sub.	ungleich	$p + q = p + q$	$\sqrt{3} + \sqrt{7} = \sqrt{3} + \sqrt{7}$
Add./Sub.	gleich	$3a - 7a = (-4a)$	$7\sqrt{8} - 12\sqrt{8} = -5\sqrt{8}$
Multiplikation	gleich	$w \cdot w = w^2$	$\sqrt{2} \cdot \sqrt{2} = \left(\sqrt{2}\right)^2 = 2$
Multiplikation	ungleich	$x \cdot y = xy$	$\sqrt{2} * \sqrt{3} = \sqrt{6}$
Division	gleich	$\frac{18s}{6s} = 3$	$\frac{27\sqrt{11}}{9\sqrt{11}} = 3$
Division	ungleich	$\frac{20a}{4b} = \frac{5a}{b}$	$\frac{35\sqrt{10}}{7\sqrt{5}} = 5\sqrt{\frac{10}{5}} = 5\sqrt{2}$

⊙ **Runde 1**: *Fasse so weit wie möglich zusammen.*

a) $3\sqrt{2} + 4\sqrt{2} =$ **b)** $\sqrt{x} + 5\sqrt{x} =$ **c)** $7\sqrt{5} - 6\sqrt{5} =$

d) $a\sqrt{3} + a\sqrt{3} =$ **e)** $5\sqrt{t} - 16\sqrt{t} =$ **f)** $-4\sqrt{7} - 8\sqrt{7} =$

g) $-\sqrt{w} + \sqrt{w} =$ **h)** $(\sqrt{5^2} + \sqrt{2^2}) =$ **i)** $f\sqrt{z} + f\sqrt{s} =$

! **Runde 2**: *Löse die binomischen Formeln ohne Verwendung gerundeter Werte.*

a) $\left(\sqrt{3} + \sqrt{5}\right)^2 =$ **b)** $\left(\sqrt{7} - \sqrt{2}\right)^2 =$

c) $-\left(\sqrt{8} + \sqrt{3}\right)^2 =$ **d)** $\left(\sqrt{7} + \sqrt{11}\right) \cdot \left(\sqrt{7} - \sqrt{11}\right) =$

e) $\left(\sqrt{3} + \sqrt{48}\right)^2 =$ **f)** $\left(\sqrt{125} - \sqrt{5}\right)^2 =$

✶ **Runde 3**: *Berechne und fasse so weit wie möglich zusammen. Arbeite ohne den Taschenrechner und ohne Verwendung gerundeter Werte.*

a) $3\sqrt{a^2 f} + 2a\sqrt{f} =$ **b)** $5\sqrt{3}\left(\sqrt{48} - \sqrt{3}\right) =$

c) $5\sqrt{a} - 4\sqrt{e} + \sqrt{a} + 10\sqrt{e} =$ **d)** $2\left(\sqrt{13} + \sqrt{15}\right) \cdot \left(\sqrt{13} - \sqrt{15}\right) =$

e) $\left(2\sqrt{7} - 3\sqrt{5}\right)^2 =$ **f)** $\left(3\sqrt{75} + 4\sqrt{27}\right) : \sqrt{3} =$

6. Teilweise Wurzel ziehen

Bei vielen Werten gibt es kein eindeutiges Ergebnis, wenn man die Wurzel zieht. So kann man beispielsweise $\sqrt{7}$ nicht exakt bestimmen, da der Taschenrechner dafür

$$\sqrt{7} \approx 2{,}645751311064\ldots$$

errechnet. Tatsächlich ist die Wurzel aus 7 eine ***irrationale Zahl***. Im Gegensatz zu rationalen Zahlen, die als endliche oder periodische Dezimalzahlen dargestellt werden können, sind irrationale Zahlen solche, deren Dezimaldarstellung nicht abbricht und nicht periodisch ist. Die Wurzel aus 7 ist also eine Zahl, die nach dem Komma unendlich weiter geht.

Bei Zahlen, aus denen wir keine eindeutige Wurzel ziehen können, wir aber dennoch ohne gerundete Werte arbeiten wollen, können wir ***teilweise die Wurzel ziehen***.

Beim teilweise-Wurzelziehen zerlegt man den Radikant in ein Produkt aus zwei Zahlen, von denen eine der beiden Zahlen eine Quadratzahl sein muss.

Beispiel: $\sqrt{32} = \sqrt{16 \cdot 2}$

Da man $\sqrt{16} = 4$ berechnen kann, wird die 4 vor die Restwurzel gesetzt.

Es gilt: $\sqrt{32} = \sqrt{16 \cdot 2} = 4\sqrt{2}$

⊙ **Runde 1**: *Ziehe teilweise die Wurzel.*

a) $\sqrt{50} =$ b) $\sqrt{96} =$ c) $\sqrt{363} =$

d) $\sqrt{18} =$ e) $\sqrt{8} =$ f) $\sqrt{108} =$

! **Runde 2**: *Ziehe teilweise die Wurzel. Schaffst du das ohne Taschenrechner?*

a) $\sqrt{r^3} =$ b) $\sqrt{(-12)} =$ c) $\sqrt{4{,}32} =$

d) $\sqrt{\frac{320}{4}} =$ e) $\sqrt{6{,}48} =$ f) $\sqrt{s^5} =$

✶ **Runde 3**: *Bestimme den fehlenden Wert im Kästchen. Ziehe zuvor teilweise die Wurzel, damit du keine gerundeten Werte benutzen musst.*

a) $\sqrt{27} + \square = \sqrt{48}$ b) $\square + \sqrt{20} = \sqrt{245}$

c) $\sqrt{63} + \square = \sqrt{175}$ d) $\sqrt{52} + \sqrt{325} = \square$

7. Irrationale Nenner rational machen

Bei der exakten Berechnung von Wurzeltermen will man auf die Verwendung gerundeter Werte verzichten. Daher wird hier nicht mit den Näherungswerten gerechnet, die uns der Taschenrechner liefert, sondern wir formen gemäß den Wurzelregeln die Terme um. Ein besonderes Augenmerk fällt dabei auf irrationale Wurzelterme, also Brüche mit einer Wurzel im Nenner.

Irrationaler Wurzelterm: $\frac{35}{\sqrt{7}}$, da die Wurzel aus $7 \approx 2{,}645751311\ldots$

Zur Bearbeitung solcher irrationaler Wurzelbrüche erweitert man den Bruch mit der Wurzel aus dem Nenner. Somit kürzt sich die Wurzel im Nenner weg. Es bleibt der Wurzelradikand ohne die Wurzel stehen. Nach der Erweiterung kann ein solcher Bruch wie gewöhnlich gekürzt werden.

$$\frac{35}{\sqrt{7}} \cdot \frac{\sqrt{7}}{\sqrt{7}} = \frac{35\sqrt{7}}{\sqrt{7} \cdot \sqrt{7}} = \frac{35\sqrt{7}}{7} = 5\sqrt{7}$$

Runde 1: *Mache den Nenner rational.*

⊙ a) $\frac{5}{\sqrt{3}} =$

b) $\frac{8}{\sqrt{5}} =$

c) $\frac{2}{\sqrt{2}} =$

d) $\frac{13}{\sqrt{a}} =$

e) $\frac{t}{\sqrt{w}} =$

f) $\frac{5k}{\sqrt{x}} =$

! g) $\frac{6}{3\sqrt{5}} =$

h) $\frac{7+x}{\sqrt{3}} =$

i) $\frac{5x+8}{2\sqrt{5}} =$

j) $\sqrt{\frac{81}{128}} =$

✶ k) $\frac{\sqrt{125t}+\sqrt{75t}}{\sqrt{5t}} =$

l) $\frac{\sqrt{a^2b}-\sqrt{ab^2}}{\sqrt{ab}} =$

8. Die n-te Wurzel

Bei der Auflösung der n-ten Wurzel der Form $\sqrt[n]{a} = x$ suchen wir die Zahl, die n-mal mit sich selbst multipliziert den Wert a ergibt.

Beispiel: $\sqrt[3]{27} = x$

Wir suchen also die Zahl x, die 3mal mit sich selbst multipliziert den Wert 27 ergibt:

$x \cdot x \cdot x = 27$, oder $x^3 = 27$

In diesem Fall ist $x = 3$, da $3 \cdot 3 \cdot 3 = 27$.

Unter der n-ten Wurzel versteht man alle Wurzeln, deren Wurzelexponent größer als 2 (Quadratwurzel) ist. Die **n-ten Wurzeln** begegnet uns in der Mathematik in mehreren Themengebieten und Aufgabenstellungen.

⊙ **Runde 1**: *Bestimme die n-te Wurzel mit deinem Taschenrechner.*

a) $\sqrt[3]{8} =$ **b)** $\sqrt[4]{625} =$ **c)** $\sqrt[3]{729} =$

B $\sqrt[5]{7776} =$ **e)** $\sqrt[3]{(-27)} =$ **f)** $\sqrt[18]{262144} =$

! **Runde 2**: *Die Wurzel begegnet dir in der Mathematik in vielen Themenbereichen. Nenne drei Formeln aus der Mathematik, in denen du im Lösungsweg die Wurzel ziehen musst und erkläre, wofür diese Formel genutzt wird.*

	Formel	Bedeutung
a)		
b)		
c)		

✶ **Runde 3**: *Du möchtest aus Draht ein Kantenmodell eines Würfel basteln, der einen Rauminhalt (Volumen) von 343 dm³ haben soll. Wie viel Meter Draht benötigst du für dein Gitter?*

9. Die n-te Wurzel - Würfelmodelle

⊙ **Runde 1**: *Der zusammengesetzte Körper besteht aus identischen Würfeln und hat ein Volumen von 432 dm³. Wie groß ist seine Oberfläche?*

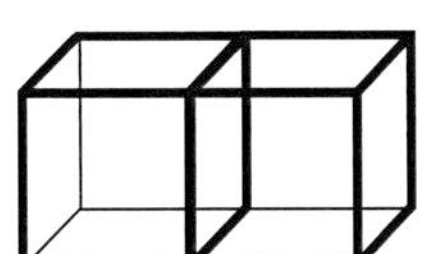

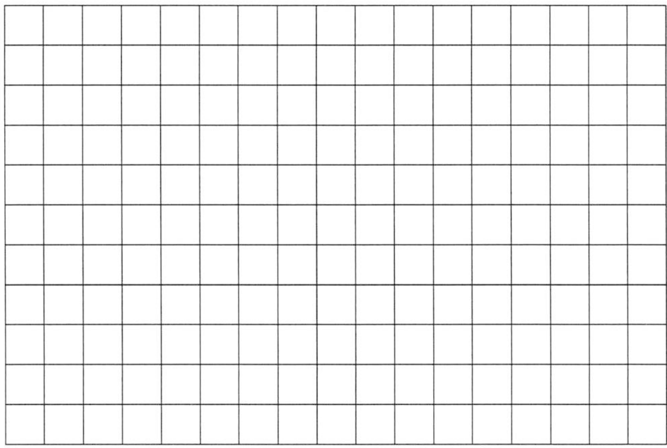

! **Runde 2**: *Der zusammengesetzte Körper besteht aus identischen Würfeln und hat ein Volumen von 16.464 mm³. Wie groß ist seine Oberfläche?*

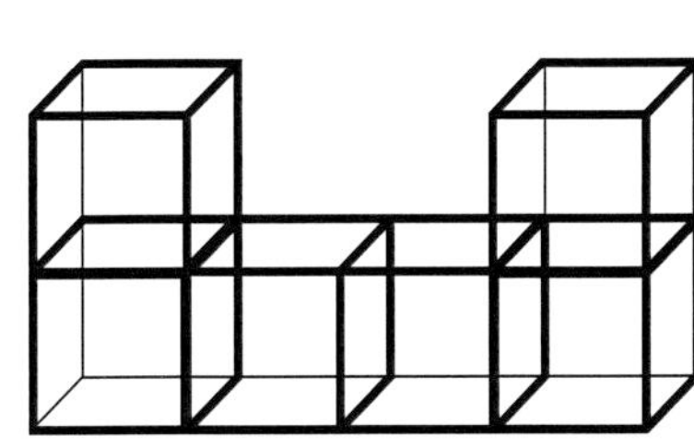

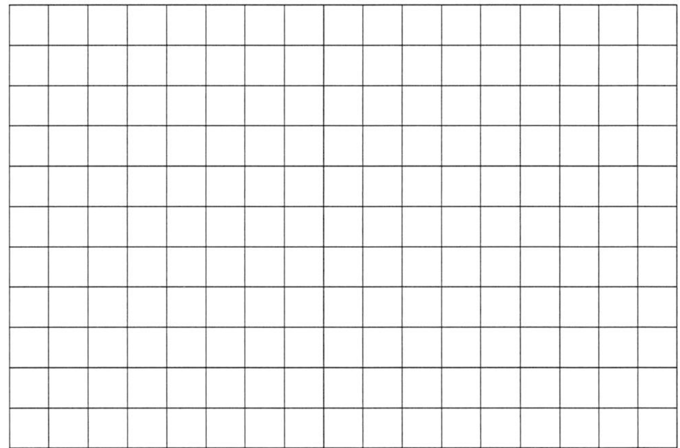

✶ **Runde 3**: *Der zusammengesetzte Körper besteht aus identischen Würfeln und hat ein Volumen von 6561 cm³. Wie groß ist seine Oberfläche?*

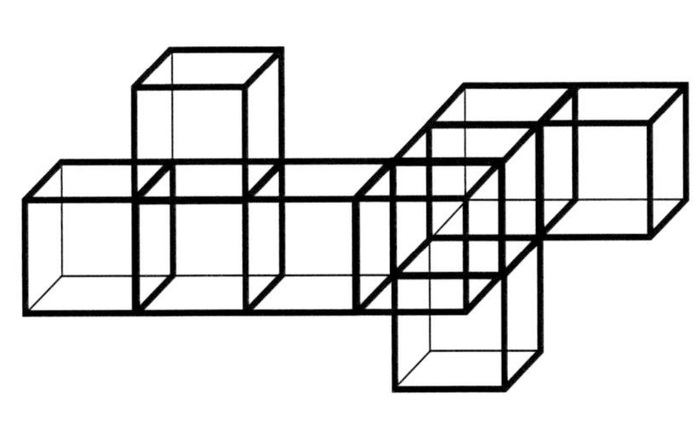

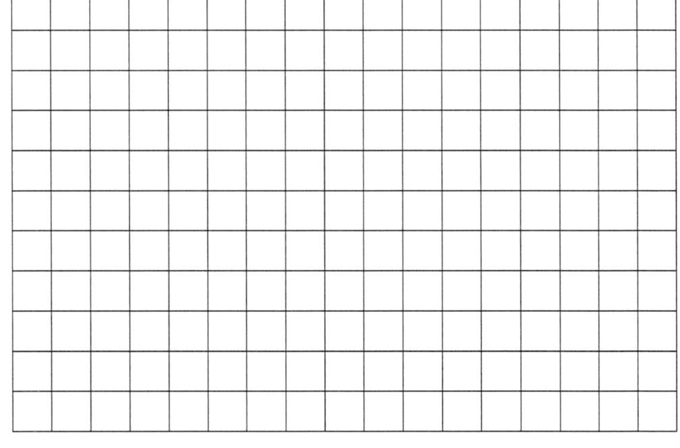

10. Formeln mit Wurzeln

Die Wurzelrechnung ist ein wichtiger Bestandteil vieler Formeln in der Mathematik.

⊙ **Runde 1**: *Das Quadrat hat einen Flächeninhalt von 36 cm^2. Wie groß ist die Kante a?*

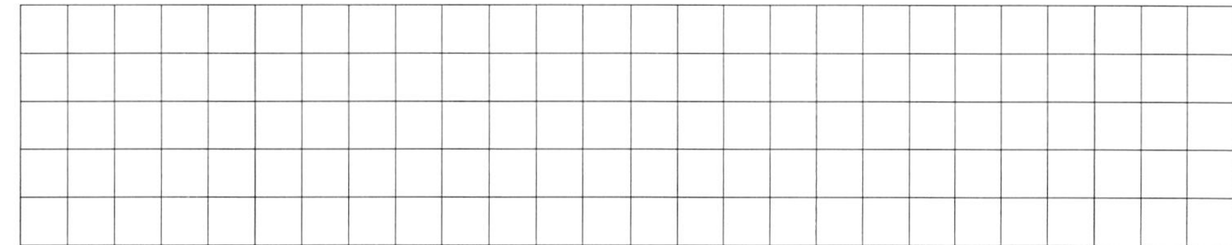

⊙ **Runde 2**: *Der Würfel hat einen Rauminhalt von 125 cm^3. Wie groß ist die Grundkante a?*

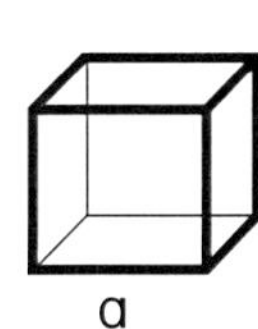

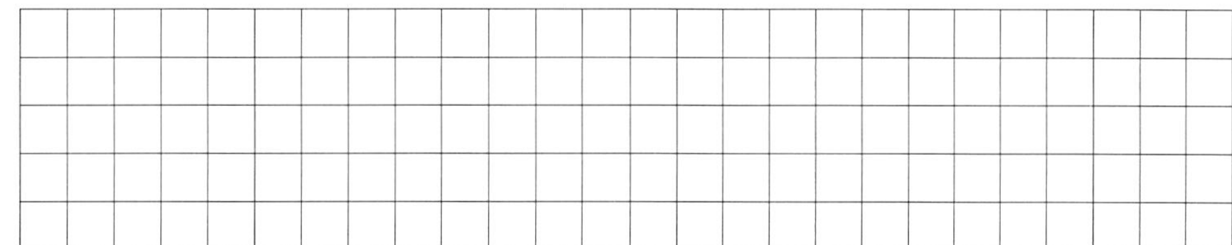

! **Runde 3**: *In dem rechtwinkligen Dreieck ist die Seite a = 3 cm und die Seite b = 4 cm. Berechne die Seite c mit Hilfe des Satzes von Pythagoras.*

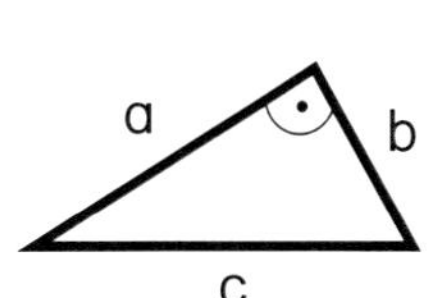

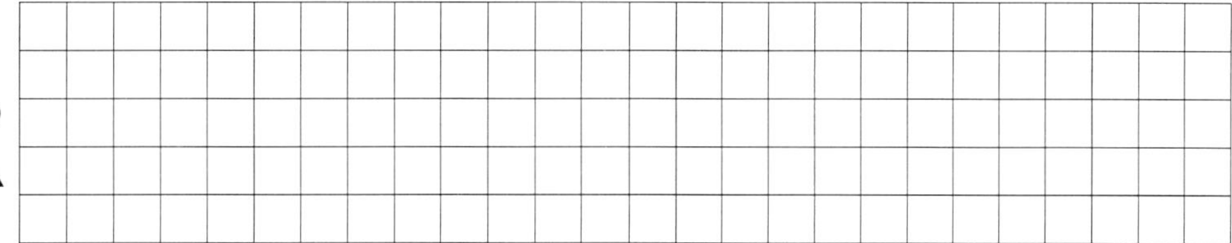

! **Runde 4**: *Ein Pizzabäcker verspricht, dass seine Pizzen einen Durchmesser von 30 cm haben. Seine Pizza hat einen Flächeninhalt von 725 cm^2. Hält der Pizzabäcker sein Versprechen?*

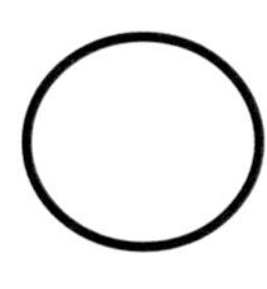

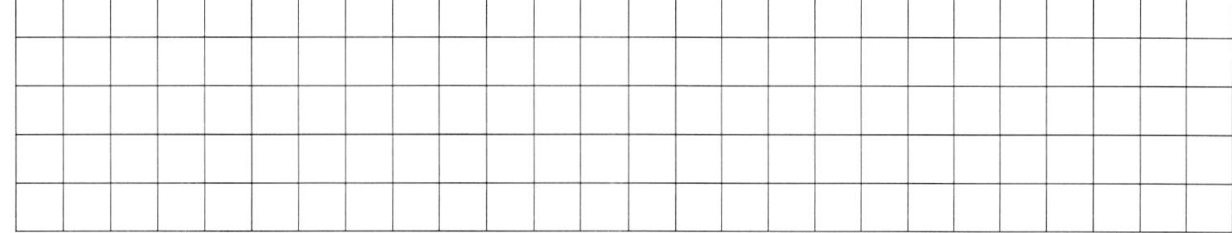

✶ **Runde 5**: *Zum Aufpusten eines Wasserballes benötigt man 52.000 cm^3 Atemluft. Nachdem der Ball prall aufgeblasen ist, hat er welchen Durchmesser?*

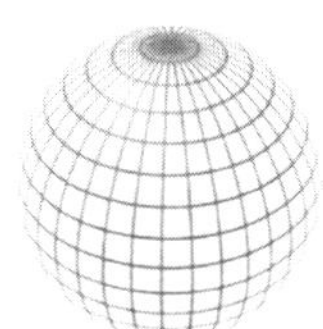

11. Quadratische und kubische Gleichungen lösen

Für das Lösen einer Gleichung höheren Grades ist das Verständnis für Potenzen und Wurzeln unerlässlich. Darüber hinaus müssen die Regeln der Äquivalenzumformung beherrscht werden. Für das Lösen einer quadratischen Gleichung steht uns die Mitternachtsformel zur Verfügung, bei kubischen Gleichungen der Form $f(x) = ax^3 + bx^2 + cx$ kann der Satz vom Nullprodukt zur Lösung herangezogen werden.

⊙ **Runde 1:** *Löse die folgenden Gleichungen. Schreibe in dein Heft.*

a) $x^2 = 64$ **b)** $x^3 - 27 = 0$

c) $x^2 - 33 = 3$ **d)** $\frac{1}{2}x^3 = 4$

e) $\frac{1}{3}x^2 + 4 = 7$ **f)** $2x^2 - 41 = x^2 + 40$

g) $4x^3 - 138 = 362$ **h)** $\frac{1}{3}x^4 + 8 = 440$

i) $-x^{12} + 3x - 2048 = 2048 + 3x - 2x^{12}$

! **Runde 2:** *Löse die folgenden quadratischen Gleichungen mit Hilfe der...*

(I.) ... pq - Formel

a) $x^2 - 4x - 12 = 0$

b) $24 - x^2 = 5x$

c) $\frac{1}{2}x^2 + 2 = -\frac{5}{2}x$

Merke: pq - Formel zur Lösung quadratischer Gleichungen der Form: $f(x) = x^2 + px + q$

$$x_{1/2} = (-\frac{p}{2}) \pm \sqrt{\left(\frac{p}{2}\right)^2 - q}$$

(II.) ... abc - Formel

a) $2x^2 - 2x - 12 = 0$

b) $\frac{1}{3}x^2 + x = 6$

c) $-12{,}5x = -5x^2 + 7{,}5$

Merke: abc - Formel zur Lösung quadratischer Gleichungen der Form: $f(x) = ax^2 + bx + c$

$$x_{1/2} = \frac{-b \pm \sqrt{b^2 - 4ac}}{2a}$$

✶ **Runde 3:** *Löse die kubischen Gleichungen durch Ausklammern und anschließender Mitternachtsformel. Denke an den Satz vom Nullprodukt. Schreibe in dein Heft.*

a) $x^3 - x^2 - 6x = 0$

b) $x^3 + 2x^2 = \frac{5}{4}x$

c) $-x^3 - 2x^2 = -27\frac{4}{9}x$

Merke: Satz vom Nullprodukt.
Ein Produkt ist dann Null, wenn einer der Faktoren Null ist.

$$f(x) = ax^3 + bx^2 + cx$$

$$f(x) = x(ax^2 + bx + c)$$

$$x_1 = 0$$

12. Wurzelgleichungen und Wurzelfunktionen

Eine ***Wurzelgleichung*** ist eine Gleichung, die aus mindestens einer Wurzel mit einer Unbekannten besteht, sowie einer Konstanten.

<u>Beispiel</u>**:** $10 = \frac{1}{\sqrt{x}}$ **Lösung:** $\mathbf{x} = \frac{1}{100}$

Das Schaubild einer Gleichung mit mindestens einer Wurzel wird als ***Wurzelfunktion*** bezeichnet.

Aufgabenstellung: Wir wollen die Wurzelgleichung $\frac{6}{\sqrt{x}} = \sqrt{x-5}$ ohne Taschenrechner lösen. Dazu zerlegen wir die Gleichung in zwei Funktionen:

$f(x) = \frac{6}{\sqrt{x}}$ und $g(x) = \sqrt{x-5}$

! **<u>Runde 1</u>:** *Vervollständige die Wertetabelle für f(x) =* $\frac{6}{\sqrt{x}}$ *und für g(x) =* $\sqrt{x-5}$

x	1	2	3	4	5	6	7	8	9	10	11
f (x)											
g(x)	n.d.	n.d.	n.d.	n.d.							

(n.d. = nicht definiert)

✶ **<u>Runde 2</u>:** *Zeichne die Funktionen f(x) und g(x) in das Koordinatensystem. Lies den Schnittpunkt der beiden Funktionen ab und markiere ihn im Schaubild:* S (/)

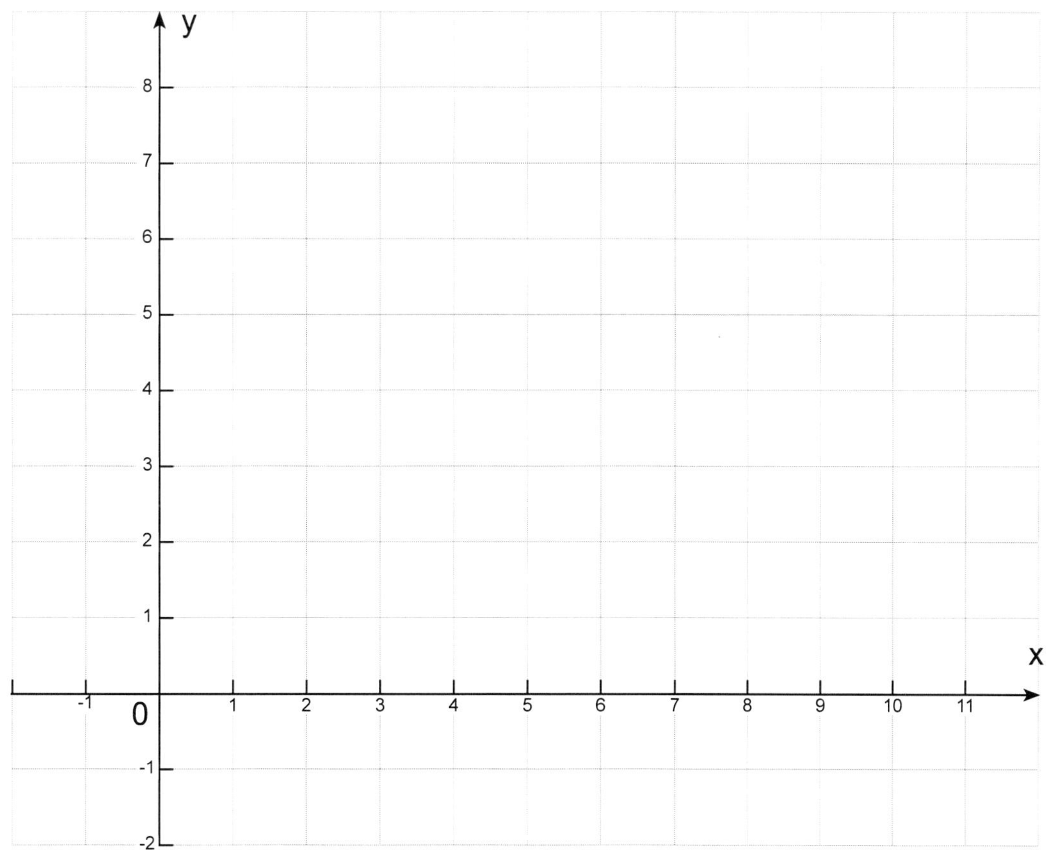

1. Exponentialgleichungen

Neben der Potenz-, und Wurzelrechnung gibt es noch eine dritte Rechenart, die bei höhergradigen Rechnungen benutzt werden kann, je nachdem, welcher Wert in der Gleichung gesucht ist. Zur Veranschaulichung wird das Beispiel $4^3 = 64$ herangezogen.

Die Gleichung $4^3 = 64$ bietet drei mögliche Stellen, nach denen aufgelöst werden könnte. Je nachdem, an welcher Stelle das gesuchte x steht, benutzen wir die angegebene Rechenart:

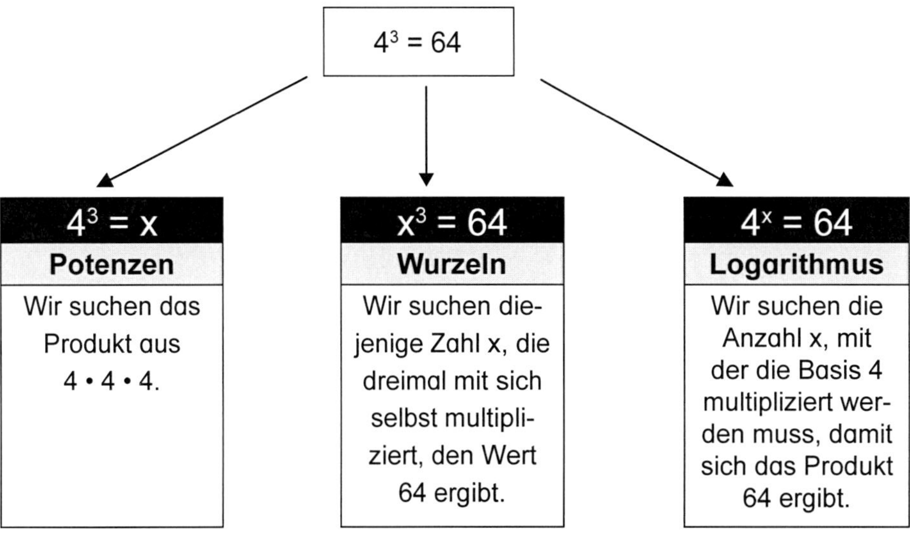

Die Gleichung $4^x = 64$ hat als Lösung: $x = \log_4(64) = \frac{\log(64)}{\log(4)} = 3$

⊙ **<u>Runde 1</u>:** *Löse die Exponentialgleichungen.*

a) $25^x = 5$ **b)** $2^x = 1024$ **c)** $3^x = 81$

d) $12^x = 1728$ **e)** $23^x = 12167$ **f)** $9^x = 531441$

g) $16^x = 4$ **h)** $6^x = 7776$ **i)** $4^x = 16384$

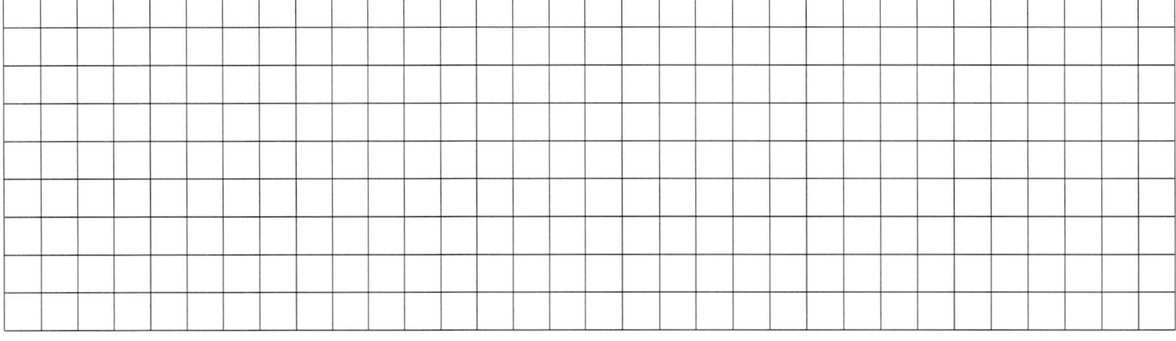

• Exponentialrechnung

Exponentielles Wachstum kennen wir auch von unserem Sparbuch bei der Bank. Wenn wir einen Geldbetrag zu einem festen Zinssatz über mehrere Jahre anlegen, dann wächst das Anfangskapital exponentiell an. Das liegt daran, dass die Zinsen der einzelnen Jahre immer wieder mitverzinst werden.

Es gilt:

$$K_n = K_0 \cdot q^n$$

K_n = Kapital nach n Jahren

K_0 = Anfangskapital

q = Zinsfaktor

n = Anzahl der Jahre

! **Runde 2**: *Alexandra hat 25.000 € in der Lotterie gewonnen. Sie legt das Geld zu einem Zinssatz von 3,5 % bei ihrer Bank an. Wie lange muss Alexandra das Geld bei der Bank lassen, bis es auf 30.000 € angewachsen ist?*

✶ **Runde 3**: *Der Großvater schenkt seinen drei Enkelinnen jeweils 10.000 €. Das Geld liegt bei einer Bank zu einem Zinssatz von 3 %. Die Zinsen werden jährlich mit verzinst und nicht abgehoben. Die drei Mädchen überlegen:*

a) Hannah meint: „Dann haben wir nach 5 Jahren jeweils 11.500 €".

b) Samira entgegnet: „Nein, dann haben wir jeweils 11.592,74 €".

c) Lara ergänzt: „Wenn wir das Geld bis zum 23. Jahr unangetastet bei der Bank lassen, dann hat sich unser Geld verdoppelt."

Was meinst du zu den Aussagen? Wer hat Recht? Welche Fehler wurden gemacht?

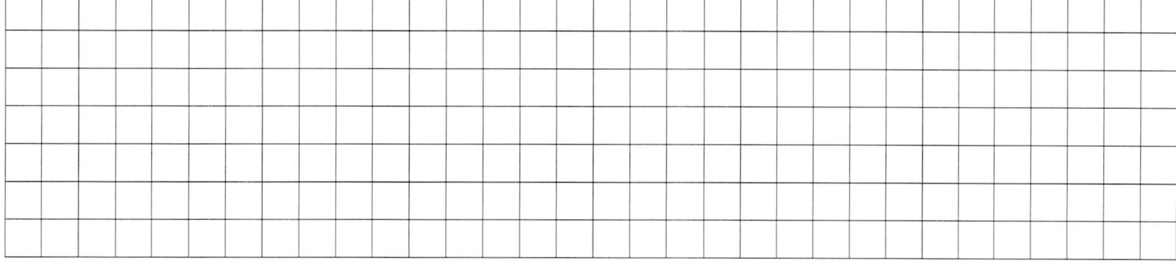

A • Potenzrechnung

3. Potenzen mit gleicher Basis multiplizieren - (P1)

Runde 1:
a) $4 \cdot 6$ b) 6^4 c) f^5 d) $5f$
e) $(-5)^3$ f) (-15) g) b^4 h) 7^2a^3

Runde 2:
a) 2^7 b) 14^7 c) g^{23} d) d^3
e) $5^0 = 1$ f) b^{-8} g) 100 h) c^{24} i) u^{3k+2}

Runde 3: In den Kästchen fehlen die folgenden Angaben:
a) 4 b) 3 c) 1 d) 4
e) -3 f) x; 2 g) 2x - 4 h) -k; 10

Runde 4:
a) $4w^9$ b) f^{15} c) 3 d) $(-5)^5$
e) a^{-6} f) $0{,}5v^3$ g) $17b^3$ h) 1
i) $15b$ j) x^5y^5 k) $(-28)u^{-2}v^4$ l) l^k

Runde 5: R: $4 \cdot 4 \cdot 4 \cdot 4 \cdot 4 = 1024$, oder $4^5 = 1024$

A: Es können insgesamt 1024 Gläser mit Cola gefüllt werden.

4. Potenzen mit gleicher Basis dividieren - (P2)

Runde 1: a) 7^2 b) f^5 c) $4x$ d) $8z^3$ e) $5a^{-2}$ f) d^{-5} g) $2e^{-2}$ h) g^2

Runde 2: Das Lösungswort lautet: ZIRKEL

Runde 3:
a) $= t^{(5x+3)-(x+1)} = t^{5x+3-x-1} = t^{4x+2}$

b) $= \frac{18}{6}a^{(2s+2)-(4s+4)} = 3a^{2s+2-4s-4} = 3a^{-2s-2}$

c) $= \frac{4,5}{0,9}c^{(-y-3)-(-y-4)} = 5c^{-y-3+y+4} = 5c^1$ oder $5c$

5. Potenzen mit gleicher Basis - gemischte Aufgaben (P1 & P2)

Runde 1: a) u^4 b) a^{4x} c) 1,2

Runde 2: a) $2cb^2$ b) d^{m+1} c) $t^{2a}x^{-2s-4}$

Runde 3: a) y^{5n+5} b) b^2 c) g

6. Potenzen mit gleichem Eponenten multiplizieren - (P3)

Runde 1:
a) 20^x b) 16^{-4} c) $(-6)^t$ d) $(\frac{2}{15})^5$
e) $(-2)^{y+1}$ f) 14^m g) $16x^2$ h) $25a^4$

Runde 2:
a) 7 b) x c) -1 d) 7; 2k
e) 2; 3d + y f) 10; 10 g) 7; w; w h) $\frac{2}{15}$; t + 1

Runde 3:
a) $9 + 6x + x^2$ b) $(bc)^{m+2}$ c) $u^2 - 2uv + v^2$ d) $16d^2 - 49e^2$
e) $36s^2 + 48st + 16t^2$ f) $x^5 - x^7$ g) $(2a^2)^{m-n}$ h) $(3a^2)^{m-1}$

7. Potenzen mit gleichem Exponenten dividieren - (P4)

Runde 1:

a) 2^6	**b)** 3^m	**c)** 5^{t+1}	**d)** 2^y
e) $(\frac{1}{2})^{n-3}$	**f)** 2^{2x}	**g)** 2^5	**h)** 6^{22}

Runde 2: In den Kästchen fehlen die folgenden Angaben:

a) 12	**b)** -2; r	**c)** xyz	**d)** 7v; 10; 7v
e) t; t; 3	**f)** 0; 0	**g)** ab; $\frac{5}{6}$; ab	**h)** -15; -xw

Runde 3:

a) $(\frac{1}{3}b)^{2x-1}$	**b)** $(2a)^{2x-2}$	**c)** $(\frac{1}{3})^{-z}$	**d)** $(\frac{1}{3})^{v}$
e) 4^2	**f)** 1		

Wiederholung: **a)** $2uv^2$ **b)** 3xy

8. Potenzieren einer Potenz - (P5)

Runde 1:

a) 3^6	**b)** $1{,}48^{3x}$	**c)** $(-a)^{20}$	**d)** 7^{-6}
e) w^{4m+8}	**f)** v^{-2t-6}	**g)** 8^{3a}	**h)** 4^{6+3x}

Runde 2: In den Kästchen fehlen die folgenden Angaben:

a) 2	**b)** 2	**c)** 8	**d)** -2
e) s^8a^{12}	**f)** 0	**g)** $-\frac{1}{2}$	**h)** -2; 4

Runde 3:

a) richtig ist = 78^6 — Die Exponenten wurden addiert anstatt multipliziert. Hier gilt die Regel P5.

b) richtig ist = x^{12} — Hier wurde ein Vorzeichenfehler gemacht, denn: (-3) • (-4) = +12

c) richtig ist = p^x — Die Exponenten wurden addiert anstatt multipliziert. Hier gilt die Regel P5.

9. Addieren und Subtrahieren bei Potenzen

Runde 1:

a) $20c^8$	**b)** 8^8	**c)** $-8c^8$	**d)** $1x^y$
e) $(2w)^{3x-7}$	**f)** 1 + 1 = 2	**g)** 0	**h)** $1\frac{2}{15}b^3$

Runde 2:

				a)	E	X	P	O	N	E	N	T		
	b)	F	U	N	K	T	I	O	N	S	G	R	A	P	H
	c)	L	O	G	A	R	I	T	H	M	U	S			
			d)	W	U	R	Z	E	L	N					
e)	I	R	R	A	T	I	O	N	A	L					
	f)	S	T	U	F	E	N	Z	A	H	L				
		g)	E	X	P	O	N	E	N	T	I	E	L	L	
	h)	R	A	D	I	K	A	N	T						

Lösungswort: POTENZEN

10. Potenzgleichungen und Potenzfunktionen

Runde 1:

x	0	0,5	1	1,5	2	3	4	5	6	7	8	9	10	11	12
f(x)	0	0,71	1	1,22	1,41	1,73	2	2,24	2,45	2,65	2,82	3	3,16	3,32	3,46

Runde 2: Siehe Grafik

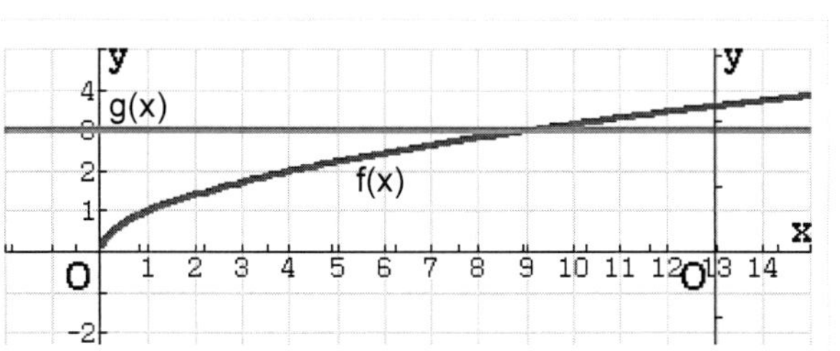

Runde 3: Der Schnittpunkt liegt bei **S(9/3)**. Somit ergibt sich für das Gleichungssystem aus den Gleichungen $f(x) = x^{0,5}$ und $g(x) = 3$ die Lösung x = 9 und y = 3.

11. Potenzen mit negativem Exponenten

Runde 1: a) $\frac{1}{a^3}$ b) $\frac{1}{5^{4x}}$ c) 8000 d) $1,5^x$ e) $\frac{1}{2^{10}}$

f) $\frac{1}{\pi^a}$ g) $-\frac{1}{7^5}$ h) $-\frac{1}{y^x}$ i) *keine Lösung*

Runde 2: a) 2^{-4} b) 7^{-9} c) 4^{-x} d) $(-3)^{-a}$ e) $(-d)^{-3}$

f) w^{-4x} g) $(-10)^{-10}$ h) z^{-5} i) $3^{-a}4^{-b}$

Runde 3: a) $\frac{15^5}{15^8} = 15^{-3} = \frac{1}{15^3}$ b) $\frac{7^{-7}}{7^{-4}} = 7^{-3} = \frac{1}{7^3}$

c) $8^2 : 5^2 = \frac{8^2}{5^2} = 1,6^2$ d) $(\frac{3}{5})^{-2} \cdot (\frac{4}{7})^{-2} = (\frac{12}{35})^{-2} = 8\frac{73}{144}$

12. Zehnerpotenzen

Runde 1:

Trivialname	Dezimalschreibweise	Exponentialschreibweise
Zehntausendstel	0,0001	10^{-4}
Tausendstel	0,001	10^{-3}
Hundertstel	0,01	10^{-2}
Zehntel	0,1	10^{-1}
Eins	1	10^0
Zehn	10	10^1
Hundert	100	10^2
Tausend	1.000	10^3
Zehntausend	10.000	10^4
Hunderttausend	100.000	10^5
Million	1.000.000	10^6
Milliarde	1.000.000.000	10^9
Billion	1.000.000.000.000	10^{12}
Billiarde	1.000.000.000.000.000	10^{15}
Trillion	1.000.000.000.000.000.000	10^{18}
Trilliarde	1.000.000.000.000.000.000.000	10^{21}

Runde 2:

Vorsilbe	Deka	Hekto	Kilo	Mega	Giga	Tera	Peta	Exa	Zetta	Yotta
Symbol	da	h	k	M	G	T	P	E	Z	Y
Faktor	10^1	10^2	10^3	10^6	10^9	10^{12}	10^{15}	10^{18}	10^{21}	10^{24}
Vorsilbe	Dezi	Zenti	Milli	Mikro	Nano	Piko	Femto	Atto	Zepto	Yokto
Symbol	d	c	m	µ	n	p	f	a	z	y
Faktor	10^{-1}	10^{-2}	10^{-3}	10^{-6}	10^{-9}	10^{-12}	10^{-15}	10^{-18}	10^{-21}	10^{-24}

Runde 3:

Bei richtiger Einteilung am Zahlenstrahl ergibt sich folgendes Lösungswort:

RECHENKUENSTLER!

Symbol	Länge oder Durchmesser	Angabe	als Zehnerpotenz in m
E	Entfernung Erde - Mond	384.400 km	$3{,}844 \cdot 10^8$ m
C	Durchmesser eines Wasserstoffatoms	25 pm	$2{,}5 \cdot 10^{-10}$ m
E	Höhe der Freiheitsstatue in New York City	93 m	$9{,}3 \cdot 10^1$ m
H	Durchmesser eines roten Blutkörperchens	7,5 µm	$7{,}5 \cdot 10^{-6}$ m
U	Länge eines Streichholzes	5 cm	$5 \cdot 10^{-2}$
L	Länge des Amazonas	6448 km	$6{,}448 \cdot 10^6$ m
N	Burj Khalifa in Dubai (höchstes Gebäude der Welt)	830 m	$8{,}3 \cdot 10^2$ m
E	Dicke dieses Blattes	0,1 mm	$1{,}0 \cdot 10^{-4}$ m
Symbol	**Gewicht**		**als Zehnerpotenz in kg**
!	Masse des gesamten Wassers auf der Erde	$1{,}386 \cdot 10^{18}$ t	$1{,}386 \cdot 10^{21}$ kg
T	Gewicht eines Blauwals	120 t	$1{,}2 \cdot 10^5$ kg
K	Gewicht eines Taschenrechners	30 g	$3{,}0 \cdot 10^{-2}$ kg
N	Gewicht eines Marienkäfers	2,5 g	$2{,}5 \cdot 10^{-3}$ kg
E	Gewicht eines roten Blutkörperchens	$3 \cdot 10^{-11}$ g	$3{,}0 \cdot 10^{-14}$ kg
S	Gewicht eines PKW	1,3 t	$1{,}3 \cdot 10^3$ kg
R	Gewicht der Cheops Pyramide	6.250.000 t	$6{,}25 \cdot 10^9$ kg
R	Gewicht eines Grippevirus	5 ag	$5{,}0 \cdot 10^{-18}$ kg

13. Wissenschaftliche Schreibweise

Runde 1:

a) $5{,}4387215 \cdot 10^7$ **b)** $1{,}234567 \cdot 10^5$ **c)** $5{,}04 \cdot 10^{-4}$

d) $9{,}753124568 \cdot 10^8$ **e)** $8 \cdot 10^6$ **f)** $6 \cdot 10^{-8}$

g) $2{,}53 \cdot 10^{10}$ **h)** $1{,}0002003 \cdot 10^{-3}$

Runde 2:

a) $7{,}34 \cdot 10^5$ **b)** $2{,}3 \cdot 10^{-5}$ **c)** $3{,}3 \cdot 10^{11}$

d) $6{,}8 \cdot 10^{-7}$ **e)** $6{,}8 \cdot 10^3$ **f)** $4{,}45612 \cdot 10^0$

g) $1{,}2345 \cdot 10^6$ **h)** $1{,}23 \cdot 10^{-6}$ **i)** $9{,}00001 \cdot 10^{-1}$

j) $5{,}384 \cdot 10^2$

Runde 3: 560 nm werden in der wissenschaftlichen Schreibweise als $5{,}6 \cdot 10^{-7}$m angegeben.

R: $$\frac{1\text{m}}{5{,}6 \cdot 10^{-7}\text{m}} = 1{,}78514286 \cdot 10^6$$

A: Das grüne Licht durchläuft auf einer Strecke von 1 Meter (sinnvoll gerundet) etwa 1,785 Millionen Wellenlängen.

B • Wurzelrechnung

3. Quadratwurzeln

Runde 1: a) 4 b) 7 c) 11 d) 25 e) 15
f) 6 g) 12 h) 3 i) 0

Runde 2: a) $\frac{4}{5}$ b) $\frac{12}{13}$ c) $\frac{1}{3}$ d) 2,5 e) 1,5
f) 0,6 g) 1,2 h) *nicht definiert* i) 9

Runde 3: a) 2 b) 4 c) 3 d) 2,5 e) 9
f) 6 g) 1,2 h) 0,5 i) 2x j) x^2
k) 3 + x l) 100

4. Multiplizieren und Dividieren von Wurzeln

Runde 1: a) 12 b) 14 c) $\frac{5}{6}$ d) 8 e) 2,16
f) 6 g) 15x h) 9 i) d^4

Runde 2: In den Lücken fehlen die folgenden Angaben:
a) 32 b) 0,02 c) 7 d) 2 e) 1,8
f) 6 g) 27 h) x^{10} i) 1,25

Runde 3: a) $\frac{1}{3}$ b) $\frac{2}{3}$ c) *nicht definiert* d) $\frac{11}{15}w$
e) $\frac{3}{8}$ f) $\frac{9}{4} = 2\frac{1}{4}$ g) 3 h) $\frac{11}{12}$ i) 13a

5. Addieren und Subtrahieren von Wurzeln

Runde 1: a) $7\sqrt{2}$ b) $6\sqrt{x}$ c) $\sqrt{5}$ d) $2a\sqrt{3}$ e) $-11\sqrt{t}$
f) $-12\sqrt{7}$ g) 0 h) 7 i) $f\sqrt{z} + f\sqrt{s}$

Runde 2: a) $8 + 2\sqrt{15}$ b) $9 - 2\sqrt{14}$ c) $-11-4\sqrt{6}$
d) (- 4) e) 75 f) 80

Runde 3: a) $5a\sqrt{f}$ b) 45 c) $6\sqrt{a} + 6\sqrt{e}$
d) (- 4) e) $73 - 12\sqrt{35}$ f) 27

6. Teilweise Wurzel ziehen

Runde 1: a) $5\sqrt{2}$ b) $4\sqrt{6}$ c) $11\sqrt{3}$
d) $3\sqrt{2}$ e) $2\sqrt{2}$ f) $6\sqrt{3}$

Runde 2: a) $r\sqrt{r}$ b) *nicht definiert* c) $\frac{6}{5}\sqrt{3}$
d) $\sqrt{54}$ e) $\frac{9}{5}\sqrt{2}$ f) $s^2\sqrt{s}$

Runde 3: In den Kästchen fehlen die folgenden Angaben:
a) $\sqrt{3}$ b) $5\sqrt{5}$ c) $2\sqrt{7}$ d) $7\sqrt{13}$

7. Irrationale Nenner rational machen

Runde 1:

a) $\frac{5}{3}\sqrt{3}$ b) $\frac{8}{5}\sqrt{5}$ c) $\sqrt{2}$ d) $\frac{13}{a}\sqrt{a}$

e) $\frac{t}{w}\sqrt{w}$ f) $\frac{5k}{x}\sqrt{x}$ g) $\frac{2}{5}\sqrt{5}$ h) $\frac{7+x}{3}\sqrt{3}$

i) $\frac{5x+8}{10}\sqrt{5}$ j) $\frac{9}{16}\sqrt{2}$ k) $5t+\sqrt{15}$

l) $\frac{\left(\sqrt{a^2b}\cdot\sqrt{ab^2}\right)\cdot\sqrt{ab}}{\sqrt{ab}\cdot\sqrt{ab}} = \frac{\sqrt{a^3b^2}\cdot\sqrt{a^2b^3}}{ab} = \frac{ab\sqrt{a}\cdot ab\sqrt{b}}{ab} = \frac{ab\left(\sqrt{a}\cdot\sqrt{b}\right)}{ab} = \sqrt{a}\cdot\sqrt{b}$

8. Die n-te Wurzel

Runde 1: **a)** 2 **b)** 5 **c)** 9 **d)** 6 **e)** (-3) **f)** 2

Runde 2: individuelle Lösungen, beispielsweise

	Formel	Bedeutung
a)	$a^2 + b^2 = c^2$	Satz des Pythagoras zur Berechnung einer fehlenden Seite im rechtwinkligen Dreieck.
b)	$x_{1/2} = (-\frac{p}{2}) \pm \sqrt{\left(\frac{p}{2}\right)^2 - q}$	pq-Lösungsformel zur Berechnung der x-Werte einer quadratischen Gleichung in der Normalform.
c)	$V = \frac{4}{3}\pi \cdot r^3$	Formel zur Berechnung des Volumens einer Kugel.

Runde 3: Benötigte Formel für das Volumen eines Würfels: $V = a^3$

R: $a^3 = 343\ dm^3$ daraus folgt: $a = \sqrt[3]{343}$ also $a = 7$ dm

Ein Würfel hat 12 Kanten, somit gilt $7 \cdot 12 = 84$ dm

A: Du benötigst 8,4 m Draht für dein Kantenmodell.

9. Die n-te Wurzel - Würfelmodelle

Runde 1: a = 6 dm; $O = 360\ dm^2$

Runde 2: a = 14 mm; $O = 5096\ mm^2$

Runde 3: a = 9 cm; $O = 2916\ cm^2$

10. Formeln mit Wurzeln

Runde 1: a = 6 cm

Runde 2: a = 5 cm

Runde 3: c = 5 cm

Runde 4: r = 15,2 cm, also d = 30,4 cm. Der Pizzabäcker hält sein Versprechen.

Runde 5: r = 23,15 cm, also d = 46,3 cm

11. Quadratische und kubische Gleichungen lösen

Runde 1: **a)** ± 8 **b)** 3 **c)** ± 6 **d)** 2 **e)** ± 3

f) ± 9 **g)** 5 **h)** ± 6 **i)** ± 2

Runde 2: **(I.)** **a)** $x_1 = (-2); x_2 = 6$ **b)** $x_1 = (-8); x_2 = 3$ **c)** $x_1 = (-1); x_2 = (-4)$

(II.) **a)** $x_1 = (-2); x_2 = 3$ **b)** $x_1 = (-3); x_2 = 6$ **c)** $x_1 = (-0{,}5); x_2 = 3$

Runde 3: **a)** $x_1 = 0; x_2 = (-2); x_3 = 3$ **b)** $x_1 = 0; x_2 = (-0{,}5); x_3 = 2{,}5$

c) $x_1 = (-\frac{19}{3}); x_2 = 0; x_3 = \frac{13}{3}$

12. Wurzelgleichungen und Wurzelfunktionen

Runde 1:

x	1	2	3	4	5	6	7	8	9	10	11
f(x)	6	4,24	3,46	3	2,68	2,44	2,27	2,12	2	1,89	1,8
g(x)	*nicht defi-niert*				0	1	1,41	1,73	2	2,24	2,45

Runde 2: Der Schnittpunkt liegt bei S(9/2).

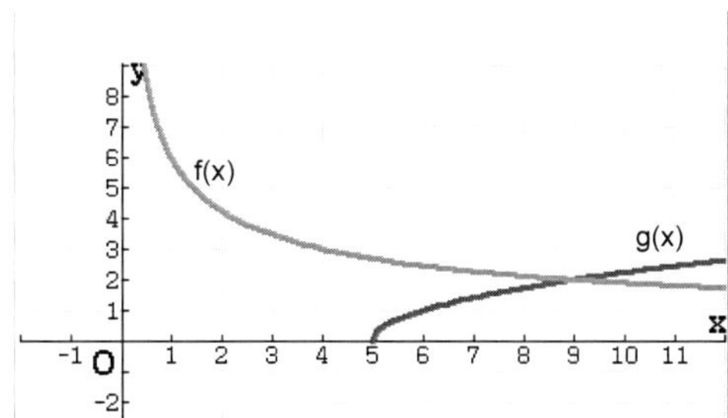

C • Expotentialrechnung

1. Exponentialgleichungen

Runde 1: **a)** 0,5 **b)** 10 **c)** 4 **d)** 3 **e)** 3

f) 6 **g)** 0,5 **h)** 5 **i)** 7

Runde 2: $K_n = K_0 \cdot q^n$ $30.000 = 25.000 \cdot 1{,}035^x$ x = 5,3 Jahre

Runde 3: Samira und Lara haben Recht, Hannah täuscht sich.

a) Hannah berechnet, dass sie jedes Jahr 300 € Zinsen bekommt (3 % von 10.000). In fünf Jahren hat sie somit 1500 € Zinsen bekommen. Sie vergisst aber die Zinseszinsverzinsung. Hannah rechnet so, als würde sie die Zinsen jährlich abheben.

b) Samira rechnet: $K_n = K_0 \cdot q^n$ $K_n = 10000 \cdot 1{,}03^5$ $K_n = 11592{,}74$ €

c) Lara rechnet: $K_n = K_0 \cdot q^n$ $20000 = 10000 \cdot 1{,}03^n$ n = 23,45 Jahre